Hessisches Landesmuseum Darmstadt (Hrsg.)

Expanding Worlds

Die Ausstellung steht unter der Schirmherrschaft von Bundespräsident Joachim Gauck.

Hessisches Landesmuseum Darmstadt (Hrsg.)

HOMO

EXPANDING WORLDS –
Originale Urmenschen-Funde aus fünf Weltregionen

THEISS

Die Deutsche Nationalbibliothek verzeichnet diese
Publikation in der Deutschen Nationalbibliografie;
detaillierte bibliografische Daten sind im Internet über
http://dnb.d-nb.de abrufbar.

Der Konrad Theiss Verlag ist ein Imprint der WBG.

Die Herausgabe des Werkes wurde durch die Vereinsmitglieder
der WBG ermöglicht.
Redaktion: Oliver Sandrock
Satz: Biotop 3000, Stuttgart
Einbandabbildung: Steinheimer Schädel, Foto: Hans Lumpe, Staatliches
Museum für Naturkunde Stuttgart
Einbandgestaltung: Jutta Schneider, Frankfurt am Main
Gedruckt auf säurefreiem und alterungsbeständigem Papier
Printed in Germany

Besuchen Sie uns im Internet: www.wbg-wissenverbindet.de

ISBN 978-3-8062-3185-4

Elektronisch sind folgende Ausgaben erhältlich:
eBook (PDF): 978-3-8062-3234-9
eBook (epub): 978-3-8062-3235-6

Inhalt

Grußwort des Hessischen Ministers für Wissenschaft und Kunst

Die Suche nach unseren Wurzeln hat seit Mitte des 19. Jahrhunderts – 1856 erfolgte die Entdeckung des Neandertalers aus der Feldhofer Grotte, drei Jahre später erschien Charles Darwins Werk über die Entstehung der Arten – nichts von ihrer Faszination eingebüßt. Sie löste viele Dispute aus und noch heute ist unsicher, wo, warum und aus welchem Vorfahren sich unsere eigene Gattung Homo entwickelte. Früher noch ein Stammbaum, wurde aus diesem über die letzten Dekaden dank neuer Funde zudem ein Stammbusch mit einer Vielzahl von Verdächtigen.

Die Evolution des Menschen stellt in der Abteilung Naturgeschichte des Hessischen Landesmuseums Darmstadt einen wichtigen Forschungs- und Ausstellungsschwerpunkt dar. Die Dauerausstellung gilt im süddeutschen Raum als einzige, welche die Aspekte der Menschwerdung in ihrer ganzen Breite umfasst, und wird von Fachkollegen, Lehrern und Schülern gleichermaßen besucht und geschätzt. Die Rekonstruktionen der zehn Vor- und Frühmenschen in der Schausammlung sind international bekannt.

Ich freue mich, dass die erste naturgeschichtliche Sonderausstellung des wiedereröffneten Hauses dieses aktuelle Thema betrifft. Die »Out of Africa«-Ausbreitung des modernen Menschen scheint gesichert, aber es fanden bereits früher schon Expansionen unserer Vorfahren in Richtung Eurasien statt. Die Ausstellung zeigt diese regionale Vielfalt der frühen Menschen aus fünf Großregionen: Afrika, Südostasien, Kaukasus, Levante, Mittel- und Südwesteuropa.

Ich wünsche der Ausstellung viel Erfolg und hoffe, dass sich das Wissen über unsere früheste Geschichte bei den Besucherinnen und Besuchern gemäß dem Titel der Ausstellung »Expanding Worlds« ebenso erweitert. Die Ausstellung soll auch dazu ermutigen, wissenschaftliche Erkenntnisse zur Evolution des Menschen nicht als manifestiert, sondern nur als gegenwärtigen Stand der Forschung zu betrachten – als kleine Stücke im großen Puzzle Menschwerdung.

Ihr
Boris Rhein

Grußwort des Direktors des Hessischen Landesmuseums Darmstadt

Die Ausstellung »Expanding Worlds – Originale Urmenschenfunde aus fünf Weltregionen« ist ein außergewöhnliches Projekt. Eine Reihe erstklassiger Ur- und Frühmenschen-Funde aus Südost-Afrika (Malawi), Südost-Asien (Indonesien), dem Kaukasus (Georgien), der Levante (Israel) sowie Mittel- und Südwest-Europa (Deutschland, Gibraltar) werden hier im Original zu sehen sein – unter anderem der Fund des Neandertaler-Skelettes von 1856.

Dies ist spektakulär und verdienstvoll zugleich, denn nur äußerst selten werden Hominiden-Originale der Öffentlichkeit zugänglich gemacht. Die Besucher haben die einmalige Chance, weltberühmte Hominidenfossilien nebeneinander zu sehen. Diese Originale sind der Öffentlichkeit normalerweise nicht zugänglich, sie liegen geschützt in den Safes von Museen oder Forschungseinrichtungen. In den Museen der Welt werden in Ausstellungen zur Menschheitsentwicklung fast ausschließlich Abgüsse gezeigt. Die Darmstädter Ausstellung setzt jedoch ganz bewusst auf die Aura des Originals. Dies erzwingt einerseits eine kurze Laufzeit, resultiert andererseits in einer im internationalen Vergleich hochkarätigen Ausstellung.

Die Original-Fossilien selbst sind die wenigen harten, aber stummen Fakten der Menschheitsgeschichte, die Interpretationen können sich ändern. Daher ist die Aufarbeitung der Veränderungen, der Interpretationen und Deutungen dieser Funde sehr spannend.

Ziel der Ausstellung ist, die regionale Vielfalt der frühen Menschen in der Alten Welt zu zeigen. Die Geschichte der Menschheit ist geprägt durch eine Vielzahl an Expansionen, sowohl aus Afrika, als auch zwischen Europa und Asien. Die Ausstellung zeigt sowohl Originalfunde aus großer zeitlicher und räumlicher Verbreitung als auch – wissenschaftshistorisch – den je unterschiedlichen Blick der Forschung auf diese Funde. So wird für den Besucher nachvollziehbar: Weder die frühere eurozentrische noch die heutige »Out of Africa«-Perspektive wird der Bedeutung regionaler Entwicklungen gerecht. Unsere Sichtweisen waren von Weltbildern geprägt, die zunächst religiös, dann aber zunehmend von wissenschaftlichen Erkenntnissen untermauert wurden.

Ihr
Theo Jülich

Gert Scobel

Vorwort

Rassismus ist eine seltsam starre, leider aber weit verbreitete Sicht auf »andere«, fremde Menschen. Erstaunlich ist am Phänomen des Rassismus weniger die Vehemenz, mit der Rassisten ihre Scheinargumente seit Jahrhunderten vortragen, sondern vor allem der Erfolg ihrer auf willkürlichen Grenzziehungen beruhenden Pseudotheorien. Wenn es nicht schon genügend Gegenargumente aus ethischer, juristischer, sozialer oder kultureller Sicht geben würde – allein die genetische und die neuere paläoanthropologische Forschung bietet die Grundlage für eine zwingende Widerlegung jeglicher Formen von Rassismus. Wir Menschen – und das bedeutet: alle Menschen, die je auf diesem Planeten gelebt haben, heute leben und leben werden – sind miteinander enger verwandt als es sämtliche sichtbaren Unterschiede wie Hautfarbe nahezulegen scheinen. Wir alle haben gemeinsame Vorfahren. Das zeigt sich unter anderem daran, dass die genetischen Übereinstimmungen zwischen einem Europäer und einem Einwohner Kenias allen optischen Unterschieden zum Trotz größer sein können als die zwischen diesem Europäer (oder Kenianer) und seinem unmittelbaren Nachbarn. Diese enge Verwandtschaft aller ist keine Metapher, sondern Realität.[1]

Trotz der intensiven vergleichenden Genomanalysen von heute lebenden Individuen verschiedener Regionen und Nationalitäten miteinander, aber auch mit unterschiedlichen Affenarten und mit den Genomen unserer Vorfahren, die aus Knochenfunden gewonnen wurden, gibt es nach wie vor eine Reihe von Unklarheiten und offenen Fragen. Die Neandertaler sind dabei nur ein Aspekt von vielen.[2] Trotz vieler Fortschritte insbesondere durch neue, wichtige Knochenfunde der letzten Jahrzehnte stehen wir mit Blick auf die lange »Genom-Reise« in unsere evolutionäre Vergangenheit am Anfang.[3] Es wird noch lange dauern, bis eine umfassende genetische Klärung und Rekonstruktion all der Wanderungen »Out of Africa« vorliegt und eine Zeitkarte der vielen Expansionsbewegungen zwischen Europa und Asien – falls es je gelingt, all die Daten zu ordnen. Wenn sich das Puzzle unserer Herkunft mehr und mehr zu einem klaren Bild verdichtet, dann ist dieses völlig anders als erwartet. Statt fester Konturen gibt es vielfältige Übergänge unserer »modernen« Art und unserer Vorfahren – und dies in einem dreifachen Sinn. Zum einen zählen zu unseren Vorfahren diejenigen Mitbewohner auf dem Gen-Ast, die wir etwas herablassend als Tiere bezeichnen und Affen nennen. Biologisch sieht es heute so aus, dass wir mit Blick auf die tierischen Vorfahren in unserem Genom wenig Berechtigung haben, uns Homo statt Pan (d.h. Schimpansen-) sapiens zu nennen. Vorfahren sind aber zweitens auch eine Reihe von Wesen, deren tatsächliche Nähe wir mit lateinischen Begriffen wie Homo, Australopithecus, Homo rudolfensis, ergaster, erectus oder Homo floresiensis kaschieren. Selbst mit Blick auf die vergleichsweise menschlicher erscheinenden Vorfahren wie die Neandertaler, mit denen wir noch vor nicht allzu langer Zeit zusammenlebten und uns paarten, fremdeln wir. Drittens aber erscheinen unsere Vorfahren nicht nur in prototypischen, klaren Gestalten, die sich wie Vorzeigeexemplare an berühmten Schädeln und Skelettteilen festmachen lassen, sondern weisen tatsächlich sehr unterschiedliche regionale Formen auf. Die Funde der letzten Jahre zeigen, wie fließend die Übergänge zwischen den »Prototypen« sind. So ähnlich wie die meisten von uns weder wie George Clooney noch wie Angelina Jolie aussehen, so wenig entsprechen die Vorfahren, deren Überreste wir finden, den Idealtypen, die wir uns für sie ausgedacht haben.

Verwirrend sind also nicht nur die genetischen Übergänge zu den Menschenaffen, sondern auch die vielfältigen Verwandtschaftslinien zu unseren Vorgängern. Gerade die Knochenfunde der letzten Jahre sind überraschend vielfältig und haben den Paläoanthropologen gezeigt, dass klare Stammbäume in weite Ferne gerückt sind.[4] Unsere Entwicklung verweist vielmehr auf eine ausgeprägte Patchwork-Vergangenheit. Vereinfacht gesagt beinhaltet die Recent African Origin (RAO) -These, dass moderne Menschen einerseits Auswanderer aus Afrika sind, die vor etwa 100 000 Jahren die (ebenfalls ursprünglich afrikanischen) Einwohner Eurasiens verdrängt haben. Andererseits zeigt sich, dass es vielfältige Assimilationsformen gibt – ein »interbreeding« von lokalen und eingewanderten Menschen.[5] Wir neigen dazu, die Vielfalt und Komplexität unserer Welt, den Pluralismus der Lebensformen und die Überlappung unterschiedlichster Ethnien dem Prozess der Globalisierung und damit der Moderne zuzuschreiben. Tatsächlich ist jedoch unsere ferne Vergangenheit weitaus pluralistischer als wir je dachten. Das zeigen insbesondere die Schädel- und Knochenfunde, die die wissenschaftliche Sicht vom Stammbaum der Hominiden einschließlich von uns durch ein Patchwork – oder um im Bild zu bleiben einem Stammbusch – ersetzt haben. Wir alle kommen aus Afrika – und unsere Evolution ähnelt einem Mosaik, keinem Baum. Und doch bleibt es trotz aller Übereinstimmungen seltsam, unsere Vorfahren und entfernten Verwandten wirklich zu sehen.

Genau dieses Sehen ermöglicht die einzigartige Ausstellung in Darmstadt, die die Vielfalt unserer Vorfahren und damit unserer Vergangenheit vor Augen führt – und zwar mit den Originalfunden. Diese Originale haben »Aura«. Im Griechischen bedeutet dieses Wort so viel wie Luft oder Hauch. In der Mythologie ist Aura die Göttin der Morgenbrise – ein gutes Bild für die beginnende Dämmerung des Bewusstseins und des modernen Menschen. Die Funde wie die berühmte Lucy führten in der Vergangenheit zu einer Reihe von teils heftigen Kontroversen – und dazu, das bisherige Bild von uns immer weiter zu korrigieren. In der Ausstellung wird für den Besucher nachvollziehbar, dass weder die frühere eurozentrische noch die heutige »Out of Africa«-Perspektive der Bedeutung der vielfältigen regionalen Entwicklungen gerecht wird. Nach wie vor sind unsere Sichtweisen von Weltbildern geprägt, die zunächst religiös waren, dann weltanschaulich und heute zunehmend von wissenschaftlichen Erkenntnissen untermauert werden. Am Ende aber spiegelt unser heutiger Wissensstand nicht nur zugleich auch den Grad des bisherigen Unwissens wider, sondern auch zu einem guten Teil das, was wir sehen wollen.

Die Ausstellung in Darmstadt lehrt genau hinzusehen, auch wenn heute Genanalyse die Gestaltbetrachtung und molekulare Untersuchungen die Morphologie abgelöst zu haben scheinen. Noch 1784, mehr als 20 Jahre bevor Charles Darwin geboren wurde, konnte ein begabter Zeichner wie Johann Wolfgang Goethe allein durch genaues Hinsehen zu der ebenso erstaunlichen wie richtigen Einsicht kommen, dass »der Zwischenknochen der oberen Kinnlade dem Menschen mit den übrigen Tieren gemein sei«. Zählt die Beobachtung mit dem bloßen Auge heute, im Zeitalter der Genanalyse, überhaupt noch?

Der Paläoanthropologe Erik Trinkaus von der Washington University in St. Louis hat über mehr als ein Jahrzehnt hinweg seine Erfahrungen mit dieser Spannung gemacht. Nachdem er einen etwa 40 000 Jahre alten Unterkiefer, den Höhlenforscher 2002 in Rumänien gefunden hatten, genau betrachtet und untersucht hatte, kam Trinkaus zu dem Ergebnis, dass dieser Knochen zu grob und groß für einen »modernen« Menschen sei. Er hielt ihn deshalb für eine Mischung aus Neandertaler und Homo sapiens – eine These, die ihn zum Gespött vieler anderer Wissenschaftler machte und seitdem Veröffentlichungen in renommierten Fachzeitschriften im Wege stand. Die Peers lehnten ihn ab. Das änderte sich erst im Mai dieses Jahres bei einer Konferenz von Genetikern und Biologen in New York. Die Fachzeitschrift Nature musste im Internet einräumen, dass sie sich wohl geirrt habe.[6] Qiaomei Fu, ein Paläogenetiker der Harvard Medical School in Boston, hatte den Unterkiefer sequenziert und das Genom rekonstruiert. Das überraschende Ergebnis: Der Knochen stellt eine klare und eindeutige Mischung aus Genanteilen eines männlichen Homo sapiens und bis zu 11 % eines Neandertalers dar. Trinkaus, der genau beobachtet hatte, lag also die ganze Zeit über richtig.

Es lohnt sich also nach wie vor, genau hinzusehen. Auch ohne große paläoanthropologische Vorkenntnisse bietet die Darmstädter Ausstellung nicht nur die Möglichkeit zur eigenen Betrachtung, sondern auch zu einer großartigen Erfahrung. Den Originalen zu begegnen, die sonst nie zusammen gezeigt werden, ist etwas Einmaliges. Im Zeitalter der digitalen Daten ist der Begriff des Originals zunehmend verblasst. Die Kopie eines digitalen Bildes enthält dieselben Daten wie die des ursprünglichen Bildes: Beide sind voneinander nicht zu unterscheiden. Doch in Darmstadt ist das, was Aura bedeutet, wieder erfahrbar. Man kann mit eigenen Augen sehen, wie nahe und wie fern wir uns Menschen wirklich sind – gestern wie heute.

Anmerkungen

1 Stellvertretend Jun Z. Li et al., Worldwide Human Relationships Inferred from Genome-Wide Patterns of Variation, in: Science 319, 1100 (2008); Mattias Jakobsson et al., Genotype, haplotype and copy-number variation in worldwide human populations, in: Nature 451, 998 (2008).

2 Janet Kelso, Svante Pääbo et al., The complete genome sequence of a Neanderthal from the Altai Mountains, in: Nature 505, 43 (2014) und Svante Pääbo et al., Genome sequence of a 45,000-year-old modern human from western Siberia, in: Nature 514, 445 (2014).

3 Eugene E. Harris, Anchestors in our Genome. The new Science of Human Evolution, Oxford 2015.
Harris bietet die derzeit vermutlich kompakteste und umfassendste Geschichte der Evolution aus genetisch-paläoanthropologischer Sicht.

4 Erin N. DiMaggio et al., Late Pliocene fossiliferous sedimentary record and the environmental context of early Homo from Afar, Ethiopia, in: Science 347, 1355 (2015); Brian Villmoare et al., Early Homo at 2.8 Ma from Ledi-Geraru, Afar, Ethiopia, in: Science 347, 1352 (2015); Nicholas J. Conard and Michael Bolus, Chronicling modern human's arrival in Europe, in: Science 348, 754 (2015); Ewen Callaway, Neanderthals gain human neighbour. Cranium discovery shows that Homo sapiens was living in Middle East 55,000 years ago, in: Nature 517, 541 (2015); Sriram Sankararaman, Swapan Mallick, Michael Dannemann, Kay Prüfer, Janet Kelso, Svante Pääbo, Nick Patterson, David Reich, The genomic landscape of Neanderthal ancestry in present-day humans, in: Nature 507, 354 (2014).

5 Chris Stringer, Lone Survivors: How We Came to Be the Only Humans on Earth, New York 2012.

6 Ewen Callaway, Early European may have had Neanderthal great-great-grandparent Genome of 40,000-year-old jaw from Romania suggests humans interbred with Neanderthals in Europe, Nature News (13.Mai 2015), doi:10.1038/nature.2015.17534.

Henning Mankell*

Über die Paläontologie

Ich glaube, die meisten Menschen denken, dass ein Schriftsteller sich eigentlich nie darüber Gedanken gemacht hat, sich einer anderen Tätigkeit im Leben zu widmen. Das künstlerische Schaffen hat seinen Ursprung in der Kindheit. Auch wenn der Weg zum Schriftstellerdasein lang und mühselig sein mag, hat der Schriftsteller nie daran gezweifelt, welches eigentlich sein Endziel ist: die Veröffentlichung von Büchern, Dramatik und Lyrik.

Oft ist dies bestimmt auch der Fall. Bei mir ist das jedoch nicht ganz wahr. Ich hatte als junger Mensch für längere Zeit nicht nur eine, sondern zwei Alternativen zur Schriftsteller- oder Dramatikerlaufbahn. Im Alter von siebzehn-achtzehn-neunzehn Jahren habe ich mir noch den Kopf darüber zerbrochen, was ich eigentlich aus meinem Leben machen wollte. Nichts war selbstverständlich.

Ich glaube, ich habe vorher nie öffentlich darüber gesprochen. Aber in der Tat war ich lange Zeit davon überzeugt, dass ich Astronom werden wollte. Nichts konnte meine Phantasie so anregen wie der Gedanke, dazu beizutragen, das Universum mit seinen vielen Rätseln zu erforschen. Das wäre mich eine klare und deutliche querwissenschaftliche Herausforderung: das Weltall zu erforschen war nicht nur eine Frage von Physik, Mathematik und Chemie, es ging mir genauso viel um Philosophie und Theologie. Was dann alles zusammengebunden hat, war der vielleicht wichtigste Bestandteil der wissenschaftlichen Kreativität: die Phantasie.

Die Astronomie war die Lehre vom Ursprung. Bei ihr ging es um die zwei größten Fragen von allen: wie hat denn alles angefangen und wie wird es enden? Ich fragte mich, ob ich nicht mein Leben diesen Fragen widmen sollte. Kein Buch, kein Theaterstück könnte wichtiger sein, als sich in die Rätsel des Universums zu vertiefen.

In dieser Zeit war ich immer faszinierter von dem, was man vielleicht als das Gegenteil der Astronomie betrachten kann: Wenn die Suche nach dem Ursprung und den Bausteinen, der Entwicklung und dem endgültigen Tod des Universums die größten Fragestellungen waren, mit denen man sich beschäftigen konnte, war die Paläontologie das Gegenteil. Wo lag der Ursprung des Menschen? Es war das Lebewesen, die Tierart, die ein Gehirn entwickelt hatte, das groß genug war, um sich mit den Fragen zum Universum und zu unserem Platz in der Unendlichkeit beschäftigen zu können.

Ich bin im nördlichen Teil Schwedens aufgewachsen. Die Inspiration zur Astronomie war selbstverständlich und allgegenwärtig: In den funkelnden, klaren, kalten Winternächten sah ich wie die Sterne da oben am Himmel glänzten. Mein Interesse für die Paläontologie wurde dagegen durch Zufall geweckt. Eines Tages stieß ich auf ein Buch, geschrieben von der legendären Familie Leakey und war fasziniert von dem Ausdauer, die diese Menschen zu prägen schien, die nach Knochenfragmenten im Rift Valley suchten und dann versuchten, diese Fragmente in etwas einzufügen, das sich langsam zum Stammbaum des Menschen und seine Wanderungen entwickelte, weg von den Affen und anderen Tierarten.

Ich wurde jedoch Schriftsteller. Als es richtig ernst wurde, als ich um die zwanzig war, gab es kein Zögern mehr. Aber das hat nicht bedeutet, dass ich meine alten Interessen beiseitelegte. Ich habe sowohl Astronomie als auch Paläontologie auf eine durchdachte Weise studiert. Aber immer außerhalb der Universität und wenn ich eben Zeit hatte, in meiner Freizeit kann man sagen. Sich als junger Schriftsteller durchzuschlagen, war nicht einfach. Eigentlich war es erst, als ich über dreißig war, dass ich die Astronomie und die Paläontologie wieder in ernsthafter Weise aufgegriffen habe. Nichts hinderte mich daran, zu versuchen, auf diesen beiden unerhörten Gebieten so etwas zu werden, was ich mit sowohl Ernst als auch Selbstironie »Privatgelehrter« nennen kann. Ich konnte die großen Fragen so schnell oder langsam studieren, wie ich es wollte, ohne vor jemandem ein Examen ablegen zu müssen. Nur zum eigenen Vergnügen.

Heute, mehr als dreißig Jahre nach dem Anfang meines Studiums von Sternen und Knochenresten, denke ich manchmal, dass ich mein Leben in drei Betrachtungsarten eingeteilt habe. Ich habe den Nacken nach hinten gebeugt, um ins Weltall hinauszublicken, ich habe den Kopf zum Boden geneigt, um die Spuren der frühesten Menschen zu entdecken, ich habe den Blick nach vorne gerichtet, wenn ich meine Bücher und Theaterstücke geschrieben habe. In einem physischen, psychischen und nicht zuletzt symbolischen Sinne habe ich in meinem Leben meinen Nacken massiert, und das werde ich bestimmt so weitermachen mein ganzes Leben lang.

Nichts ist doch genau dasselbe wie vor dreißig Jahren. Ich muss gestehen, dass ich heute meinem Interesse für die Paläontologie den Vorrang gebe. Ich habe jedoch nicht aufgehört, ins Weltall hinauszublicken, ich verfolge immer noch die neusten Forschungsergebnisse zur Entstehung des Universums und zum Tod der einmal kommen muss. Ich lese mit großer Faszination von den schwarzen Löchern und schwarzer Materie. Sie scheinen immer noch die größten Rätsel des Universums zu sein. Aber es ist, als gäbe es draußen im Dunklen eine unsichtbare Wand. Als wäre ich an einem Punkt angelangt, wo ich den Eindruck habe, dass ich ganz einfach nicht in der Lage bin, mehr von der grundlegendsten Frage von allen zu verstehen: Was gab es, bevor es überhaupt etwas gab.

Auf gleiche Weise ist es nicht mit der Paläontologie. Da sind die Fragen greifbarer. Ein Fossil ist ein Fossil, ein Knochenstück ist ein Knochenstück, ein Zahn ist ein Zahn. Es ist, als hätte ich in diesem späteren Teil meines Lebens ein immer größeres Interesse für das erworben, was uns zu Menschen macht. Was sind es für physische und chemische Prozesse in unseren Gehirnen, die dazu geführt haben, dass wir dieses wunderbare Denkvermögen haben, das kein anderes Tier beherrscht.

Bertolt Brecht schrieb in einem seiner Gedichte über »angenehme Beschäftigungen« im Leben. Das Gedicht besteht eigentlich aus einer langen Liste. Hoch oben auf dieser Liste steht das Wort »denken« als Beispiel für einen großen menschlichen Genuss. Da hat er völlig Recht. Das Denkvermögen unterscheidet unsere Art von anderen Tieren. Meine Katze kann sich ihren eigenen Tod nicht vorstellen. Sie lebt nur dahin und stirbt dann einfach. Ich kann jedoch diese Sterblichkeit sehen, ich kann das Ende meines Lebens sehen, und ich kann mir darüber

Gedanken machen, was ich aus meinem Leben mache. Gleichzeitig kann ich mich in der Welt umblicken, die großen Tiere in der afrikanischen Savanne oder das Gewürm an einem Baum irgendwo in einem schwedischen Wald, und ich denke dabei: Eine Sache vermag ich im Gegensatz zu euch, ich kann sehen wie mein Leben sich in meinen eigenen Gedanken widerspiegelt. Ich empfinde meine Sterblichkeit.

Vielleicht sollte ich die Tiere beneiden, die nichts von dem Tod verstehen der auf sie wartet, die in der Unbewusstheit Leben, wo Zeit und Raum, Leben und Tod nicht existieren. Wo man lebt, ohne zu wissen, was das Leben ist. Aber ich bin nicht neidisch. Gerade dies sehen zu können, das alles Lebendige ein Ende hat, dass kein Schritt rückwärts möglich ist, kein Schritt wo man wieder von vorne anfängt, das ist es, was das Leben zu diesem fantastischen Abenteuer macht.

All die Prozesse physischer und chemischer Art, die dazu geführt haben, dass wir heute dieses Gehirn besitzen, das ist natürlich das größte Kunstwerk, das vornehmste Instrument, das die Natur geschaffen hat. Der Versuch, die Spuren dieser Entwicklung zu verfolgen, bedeutet eine intensive Suche nach den Schlüsseln zu dem, was wir heute geworden sind. Wer war der erste Mensch, der den Mund zum Sprechen aufmachte? Woher kam die Sprache? Und war es schon von Anfang an so, wie es heute ist, wissenschaftlich nachgewiesen, dass wir einen großen Teil unseres Sprachvermögens dazu verwenden, über andere Menschen zu tratschen, die nicht anwesend sind? Was hat es bedeutet, dass ein Mensch eines Tages den Korb (oder die Tasche) erfand, der über die Schulter getragen werden konnte und beide Hände für andere Tätigkeiten freimachte. Paläontologe zu sein, das bilde ich mir jedenfalls ein, heißt ständig Fragen zu stellen, die nicht direkt mit Knochenresten und Fossilien zu tun haben.

Es gibt natürlich viele verschiedene Weisen, den Menschen zu definieren. »Homo sapiens« oder »Homo ludens« sind die zwei gewöhnlichsten Bezeichnungen. Persönlich sehe ich am liebsten den Menschen als »Homo narrans«, weil wir die einzig existierende erzählende Tierart sind. Aber es ist auch nicht falsch, uns als den »fragenden Menschen« zu bezeichnen. Einer der neugierigsten Menschen, der je gelebt hat, war Charles Darwin. Er füllte seine Briefe und Notizbücher mit Fragen wie: »Warum haben Männer Brustwarzen, wo sie doch nicht stillen?« Oder: »Warum haben Käfer Flügel, wo sie doch nie fliegen?« oder »Warum ist das Menschenleben so kurz, wo Schildkröten doch 200 Jahre alt werden können?«

Die einfachste Antwort wäre wohl: uns wurde die Neugier gegeben, weil wir sie brauchen. In der gleichen Weise wie wir unsere Phantasie brauchen.

Vor einigen Jahren habe ich an einem Filmprojekt teilgenommen, das sich in zwei Abschnitten mit meinem Leben in Afrika beschäftigten sollte. In diesem Zusammenhang muss ich vielleicht einen kurzen Hintergrund zu meiner Beziehung zum schwarzen Kontinent geben: Ich habe vor mehr als vierzig Jahren zum ersten Mal Afrika besucht. Als junger Schriftsteller habe ich ein starkes Bedürfnis empfunden, die Welt außerhalb der europäischen egozentrischen Perspektive kennenzulernen. Ich hätte nach Asien oder Südamerika reisen können.

Aber ich habe Afrika gewählt, zum Teil aus einem sehr prosaischen Grund: die billigsten Fahrkarten führten eben dorthin. Ich fuhr übrigens nach Guinea-Bissau, das damals noch eine portugiesische Kolonie war. Als ich das Flugzeug verlassen hatte und meinen Pass stempeln ließ, hieß es, ich sei in Portugal angekommen. Vom ersten Augenblick an hat sich der Kolonialismus als die groteske Missgeburt erwiesen, die er schon immer war. Ich kann aber auch ganz klar sagen, dass ein anderer Grund, weshalb ich gerade nach Afrika gefahren bin, die Bewusstheit war, dass hier die Wiege der Menschheit stand. Afrika war unsere Urheimat, die Heimat unserer Kindheit. Das hatte einen symbolischen Wert. Es war auch wichtig, in der Perspektive daran erinnert zu werden, dass wir alle irgendwann vor ganz, ganz langer Zeit, im Nebel der Geschichte, eine schwarze Urmutter hatten. In diesen Zeiten gefüllt von Rassismus und brutalen ethnischen Konflikten schadet es nichts, nochmals diese Tatsache zu bedenken. Das unmittelbare Gefühl von »Rückkehr«, das ich empfunden habe, als mir die afrikanische Hitze entgegenschlug, kann keineswegs historisch erklärt werden. In meiner Familie hat es weder Seeleute, noch Forschungsreisende, Elefantenjäger oder Missionare gegeben. Afrika war schon immer etwas Exotisches, etwas Erschreckendes. Meine Empfindung von »Rückkehr« kann also nicht rational erklärt werden. Damals konnte ich mir auch nicht vorstellen, dass meine Ankunft in Guinea-Bissau der Anfang von einer mehr als vierzigjährigen Geschichte sei. In den ersten Jahren habe ich wohl versucht, eine Antwort auf die Frage zu finden, weshalb ich mich sofort in Afrika zu Hause fühlte. Heute suche ich nicht mehr nach einer Antwort, sie ist unwichtig geworden. Das Wichtige ist, dass die Frage da ist. Nicht als eine Antwort, sondern als eine Art poetischer Erwägung denke ich manchmal, dass wir alle ein mikroskopisches Detail in einem Gen haben, das an die Ära erinnert, in der wir alle Primaten waren, die sich langsam in Menschen umwandelten. Die Ära, in der wir alle Nomaden waren.

Die Reise des Menschen fing in Afrika an und hat sich heute auf alle Kontinente ausgedehnt. Es sind nur die beiden kalten Polargebiete, die nicht bewohnt sind. Erlauben Sie mir, in diesem Zusammenhang eine kleine faszinierende Abweichung. Heutzutage haben die Forscher überzeugende Argumente gefunden, um feststellen zu können, mit welcher Geschwindigkeit wir Afrika verlassen haben und uns hinaus in die Welt begeben haben.

Jeder von uns kann sich wahrscheinlich leicht vorstellen, wie eine Gruppe von Menschen von ihrem Sitzplatz am Lagerfeuer aufgestanden ist und zügig zu wandern anfing, in Richtung neuer Horizonte. Aber so hat sich der Auszug höchstwahrscheinlich nicht zugetragen. Wissenschaftliche Argumente sprechen dafür, dass wir uns von Afrika mit einer Geschwindigkeit von etwa 5 Kilometern pro Generation entfernt haben. Das bedeutet also, dass es 30 000 Jahre gedauert hat, bis jemand die Philippinen erreichte. Wir können auch den Schluss ziehen, dass der Mensch im Grunde ein Geschöpf ist, das viel Zeit braucht, und nicht mit der Eile leben sollte, die die heutige moderne Gesellschaft prägt.

Ich fuhr also vor einigen Jahren mit einem deutschen Filmteam in verschiedene afrikanische Länder. Vor meiner Zusage habe ich zwei Forderungen nach spezifischen Reisezielen aufgestellt. Das eine war, endlich Timbuktu in Mali zu besuchen. Die sagenumwobene Stadt, die einmal die vielleicht wichtigste des afrikanischen Kontinents gewesen war. Eine Stadt mit Schätzen in Form von alten Manuskripten, die ein für allemal die Mythen ausrotten konnten, dass Afrika keine geschriebene Geschichte besitze. Meine Begegnung mit Timbuktu glich der des Pilgers, der endlich ans ersehnte Ziel ankommt, nach Mekka oder Santiago di Compostela.

Mein zweites Wunschziel war der Ausgrabungsplatz im nördlichen Malawi, wo die damals ältesten Fossilien der Gattung Mensch gefunden wurden – Menschenspuren, die uns neue Mosaiksteinchen zur Enträtselung unserer Geschichte liefern konnten. Dorthin kam ich auch und habe einige Tage

verbracht, dort wo die Ausgrabung vor sich ging. Tagsüber verfolgten wir die methodische Arbeit, die viel Geduld erfordert. Was ich vorher gesagt habe, dass der Mensch für langsame und nachdenkliche Arbeit geschaffen ist, gilt natürlich in größtem Ausmaß für Paläontologen aller Gattungen. Abends nach dem Essen versammelten wir uns um ein Lagefeuer, und erfuhren, was die malawischen Mitarbeiter vom Ursprung des Menschen geglaubt hatten, bevor die Ausgrabungen eingeleitet wurden.
Woher kamen die Menschen denn eurer Meinung nach?
Aus Amerika, antwortete ein Mann, ich glaube er hieß Jackson.
Warum denn das?, wunderten wir uns.
Alles andere kommt ja aus den Staaten, sagte Jackson.

Natürlich kann man über so eine Episode lächeln. Aber gleichzeitig verbirgt sie eine große und ernstliche Wahrheit. Während der vielen Jahre kolonialer Unterdrückung wurden die Afrikaner nicht nur ihrer Rohstoffe und ihrer Freiheit beraubt; sie wurden auch ihrer Geschichte beraubt. Ich merkte sofort, dass das europäische Team sich über diese Situation im Klaren war und seine malawischen Arbeiter mit dem größten Respekt betrachtete. Die Idee, ein Museum bauen zu lassen, das in einer pädagogischen Weise die aktuellen Ausgrabungen in eine historische afrikanische Perspektive setzte, war ein weiterer Ausdruck des Verständnisses für die Geschichte Afrikas. Wenn man als Paläontologe arbeitet, geht es also nicht nur darum, immer tiefer in die Geschichte des Frühmenschen zu graben. Es geht auch darum, den Afrikanern ihre eigene Geschichte zurückzugeben. Außerdem muss der Paläontologe dazu beitragen, ihre Würde als Wächter dessen, was man zu Recht die »Wiege der Menschheit« nennt, zu verstärken.

In diesem Wirken, das auch die Würde des afrikanischen Kontinents verteidigt, gibt es auch eine Lehre, an die wir alle ab und zu denken sollten: Die Suche nach der Vergangenheit ist immer ein Streben danach, unsere Zukunft besser verstehen zu können.

* Rede, gehalten in deutscher Sprache, anlässlich der Johannes-Gutenberg-Stiftungsprofessur »Aufbruch aus dem Paradies: Zur Globalgeschichte des Homo sapiens«

Simone Kaiser

Kleine Vorgeschichte(n) der Paläoanthropologie

Raus aus Eden

Das Verlasssen des Paradieses ist ein traditionsreiches und wirkmächtiges Sinnbild für die Entwicklung des Menschen in der Welt. Noch heute kann es dazu dienen, selbst die naturwissenschaftlich erforschte Geschichte von der Evolution des Menschen in ein poetisches Bild zu fassen. So nennt Paul Salopek sein Projekt, den Entwicklungsweg unserer Vorfahren entsprechend dem aktuellen paläoanthropologischen Forschungsstand geographisch auf eigenen Füßen nachzuempfinden, den »Out of Eden Walk«. Dies erinnert uns daran, dass die Evolutionstheorie wie auch die erstmalige Identifikation eines fossilen Knochenfundes als vorzeitliche Entwicklungsstufe des modernen Menschen im zweiten Drittel des 19. Jahrhunderts aus dem sich wandelnden christlich geprägten Weltbild des Abendlandes entsprangen.

Im Hessischen Landesmuseum Darmstadt veranschaulichen zwei Darstellungen der Vertreibung aus dem Paradies den tiefgreifenden Weltbildwandel vom Mittelalter zur Frühen Neuzeit schlaglichtartig. Beide bildnerischen Umsetzungen des biblischen Motivs wurden nicht für den kirchlichen, sondern für einen weltlichen Kontext geschaffen, das eine in Byzanz, das andere 600 Jahre später im römisch-deutschen Reich (Abb. 1–3). Beide gehen sehr verschieden damit um, nicht nur weil das ältere dem griechisch-orthodoxen Morgenland entstammt. Der Rosettenkasten mit in Elfenbein geschnitzten Szenen der Genesis wurde als wertvolles Luxusobjekt im wirtschaftlich und kulturell blühenden Konstantinopel Anfang des 11. Jahrhunderts hergestellt.[1] Die figürlichen, durch dekorative Rosettenbänder getrennten Elfenbeintäfelchen sind hier in eine narrative Reihe eingebunden. Die Erzählung beginnt oben auf dem Deckel mit der Erschaffung Adams und Evas durch Gott. Auf einer Längsseite folgen die Versuchung, vom Baum der Erkenntnis zu kosten, und der Fall des Menschen. Die daran anschließende Stirnseite des Kastens zeigt die Vertreibung aus dem Paradies (Abb. 2): Links steht der Engel der

◂ Abb. 1: Die Vertreibung aus dem Paradies, Leonhard Kern, um 1630/40, Buchsbaum.

Abb. 2: Die Vertreibung aus dem Paradies, Rosettenkasten, rechte Stirnwand, Konstantinopel, Anfang 11. Jahrhundert, Nussbaumholz, Elfenbein, vergoldetes Kupfer.

Abb. 3: Adam auf dem Feld, Rosettenkasten, Rückseite, Konstantinopel, Anfang 11. Jahrhundert, Nussbaumholz, Elfenbein, vergoldetes Kupfer.

Vertreibung mit vergoldeten Flügeln. Seine geöffnete Schrittposition deutet Bewegung an, der Redegestus der rechten Hand gibt den Vertriebenen die Richtung vor. Das erste Menschenpaar umfasst sich, es steht zum Gehen bereit, nach rechts gewandt, und sieht seinem Schicksal entgegen. Auf der anderen Längsseite beweinen Adam und Eva, noch immer nackt, dieses Schicksal zunächst bitterlich. Dann sieht man Adam bei der Feldarbeit in drei Szenen (Abb. 3): Tief gebückt, nur mit einem dürftigen Lendenschurz aus Blättern bekleidet, harkt er die harte Erde; etwas aufrechter schon, in Schuhwerk und zivilisierter Kleidung, schneidet er das prall herangewachsene Korn; und gänzlich aufrecht geht er schließlich mit der geschulterten Ernte dahin. Auf der anderen Stirnseite des Kastens sieht man Eva links mit Blasebalg, Adam rechts beim Schmieden, und in der Mitte zwischen ihnen sitzt eine Gestalt, die durch die beigegebene griechische Inschrift als Personifikation des Reichtums (Plutos) gekennzeichnet ist. Es ist sehr ungewöhnlich, Adam und Eva nicht nur beim Spinnen und Ackern, sondern auch bei der Metallverarbeitung zu zeigen, die die Bibel erst dem Tubal-Kain zuschreibt. Diese mittelalterliche Bilderzählung aus Byzanz legt den Akzent auf die sich durch die Vertreibung aus dem Paradies ergebenden Folgen für die Menschheit, sie hebt auf ihre kulturelle Evolution ab. Der Vertreibung, dem Verlassen des Urzustandes, wird positiv die Darstellung des Wohlstandes, den man durch Arbeit erlangen kann, gegenübergestellt. Eine solche positive Deutung der Folgen des Sündenfalls ist für jene Zeit eigentlich erstaunlich, im westlichen Abendland spielt diese Idee gerade in der Frühen Neuzeit eine wichtige Rolle. Ganz anders mutet dennoch die frühneuzeitliche Vertreibung aus dem Paradies an, die der süddeutsche Bildhauer Leonhard Kern (1588–1662) um 1630–40 schuf (Abb. 1).[2] Kern erfreute sich hoher Wertschätzung, viele seiner Stücke wanderten europaweit in bedeutende Kunstkammern, so dass er durch seine Arbeit zu einigem Wohlstand gelangte. Häufig fertigte er seine kleinfigurigen Kabinettstücke auch in Elfenbein, die Darmstädter Vertreibung jedoch ist aus Buchsbaumholz. Die Figuren Adams und Evas stehen hier völlig isoliert in der Welt, keine narrative Einbindung situiert sie im Kontext der Genesis-Erzählung, ja nicht einmal eine gemeinsame Plinthe eint das Paar. Dem Sammler steht es frei, den Vertriebenen eine Richtung zu geben, sie beliebig zu arrangieren. Das Thema der Vertreibung wird allein durch den starken emotionalen Ausdruck der nackten Figuren, durch die verunsicherte Körperhaltung und das ihr eingeschriebene Bewegungsmoment ersichtlich. So verweist uns dieses Kunstwerk auf den in die Welt und auf sich selbst zurück geworfenen Menschen nach der kopernikanischen Wende, auf den suchenden Menschen des Entdeckungszeitalters, der aus einer Flut hinzugewonnener Erkenntnisse über die Beschaffenheit der Welt sich neue Sinnzusammenhänge erschließen musste.

Dies betraf auch die Vorstellungen vom irdischen Paradies.[3] Man ging davon aus, dass es zwar dem Menschen nach der Vertreibung entrückt, aber irgendwo geographisch in der Welt zu verorten ist. Sehr vage situierten theologische Anthropologen es irgendwo »im Osten«, »in der Höhe«, »am Äquator« oder »in der Mondsphäre«. Auf mittelalterlichen Weltkarten findet man es verzeichnet, die Symbolik ist in solchen Darstellungen von größerer Bedeutung als geographisches Wissen.[4] Das früheste und extremste Beispiel stammt, wie der Rosettenkasten, aus dem Reich der Ostkirche, nämlich von Kosmas Indikopleustes (dem Indienfahrer), einem alexandrinischen Handelsreisenden des 6. Jahrhunderts. Ob er wirklich nicht nur den Nahen Osten sondern auch Ceylon und Indien bereiste, ist umstritten. Mit großer Überzeugung jedenfalls schrieb Kosmas um 550 eine viel beachtete christliche Weltbeschreibung, mit der er der ptolomäischen Lehre von der Kugelgestalt der Erde ein auf wörtlicher Auslegung der Bibel basierendes Modell entgegenzusetzen trachtete. Zahlreiche Abbildungen illustrieren diese »Topographia Christiana«.[5] Er stellte sich eine flache, rechteckige Erde unter einem Himmelsgewölbe vor, der Form der Bundeslade entsprechend mit einem sehr hohen Berg im Norden, dessen Position Tag und Nacht bedingt. Das Paradies verlegte er ganz in den Osten und zwar abgetrennt von der restlichen Welt durch den Ozean (Abb. 4).

Im Zuge der Entdeckung und Vermessung der Welt in der Frühen Neuzeit überzeugte man auch die letzten Gegner von der Kugelgestalt der Erde, und die Karten wurden geographisch immer exakter.[6] Obschon nicht wenige Entdeckungsreisende wähnten, das irdische Paradies gefunden zu haben, verschwindet es aus den wissenschaftlich fundierten Karten. Auf einer Weltkarte von Joost de Hondt, die zu der Zeit in Umlauf war, als Leonhard Kerns Schnitzwerk entstand, ist jenseits des Ozeans Amerika genau verzeichnet, das Paradies hingegen nicht (Abb. 5). Dass Gott den Menschen als sein Ebenbild schuf, woraus sich seine Vorrangstellung in der Welt, seine Vorherrschaft über alle Dinge der Natur erklärte, blieb allgemeingültig. Das irdische Paradies galt aber als von der Erde verschwunden und wurde zunehmend in übertragenem Sinn verstanden. Es konnte überall zurückgewonnen werden, wo der Mensch den freien Willen und Verstand dazu nutzte, sein Wissen zu erweitern und sich der ursprünglichen göttlichen Weisheit wieder anzunähern. Bis zum Neandertaler scheint es von hier noch ein weiter Weg. Wie konnte sich auf dieser Grundlage die moderne Vorstellung von Menschenaffen entwickeln, die irgendwo begannen, von den Bäumen zu steigen und sich in wandelnder vor- und frühmenschlicher Form aufrecht gehend in der Welt zu verbreiten?

Wilde Leute – Menschen – Affen

Die Erweiterung des Wissensstandes veränderte auch die Meinungen vom Verhältnis der Affen zu den Menschen.[7] Im Mittelalter kannte man vor allem die schwanzlosen nordafrikanischen Berberaffen, die man »simia« nannte. An fürstlichen Höfen hielt man sie als Haustiere, das Schaustellergewerbe führte sie dem Volk vor. Von geschwänzten Affen berichten immerhin Enzyklopädisten wie Isidor von Sevilla und Hrabanus Maurus, von Menschenaffen wusste man damals eigentlich nichts. Es gibt eine antike Reisebeschreibung (um 525 v. Chr.), die heute als frühester Hinweis auf Menschenaffen gedeutet wird, ja sogar als mögliche Begegnung mit Neandertalern. Der Karthager Hanno berichtet darin von zottigen »Wald-

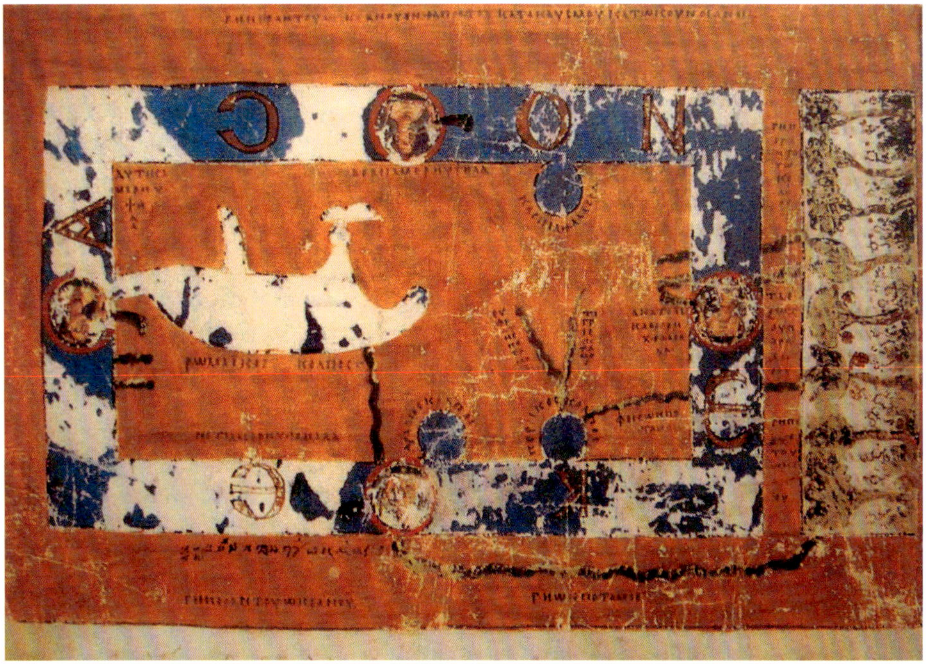

Abb. 4: Weltkarte des Kosmas Indikopleustes, »Codex Sinaiticus graecus« 1186, Katharinenkloster Sinai, 11. Jahrhundert.

Abb. 5: Weltkarte von Joost de Hondt, um 1625.

Abb: 6: Holzschnitt von Erhard Reuwich für Bernhard von Breydenbachs »Peregrinatio in terram sanctam«, 1486.

menschen«, welche die Eingeborenen »Gorillas« genannt hätten. Danach ist die erst kurz vor Mitte des 19. Jahrhunderts zuletzt entdeckte größte Menschenaffenart benannt worden. Auch in im Mittelalter bekannten antiken Quellen finden sich beiläufige Erwähnungen von Wilden und Monstern, insbesondere in Indien und Äthiopien, die als wundersame Mensch und Affe ähnelnde Zwischenwesen gelten konnten, so der Satyr und der Pygmäe. Frappierende Ähnlichkeiten selbst zwischen den aus eigener Anschauung bekannten Berberaffen und Menschen waren dem Mittelalter nicht entgangen. Man verstand die Affen jedoch als überaus hässliches Abbild des Menschen. Hässlich macht die Sünde; hässlich und verschlagen war es von der teuflischen Schlange, Eva im Baum sitzend zu verführen, dadurch dass sie sich ihr ähnlich machte und so ihr Vertrauen gewann. Den »Physiologus«, das bekannteste Naturbuch in christlicher Deutung, erinnert der schwanzlose »simia« daher an den »Teufel«. Sein Nachahmungstrieb wurde im Mittelalter als Heuchelei ausgelegt, er war Symbol des Bösen und des Lasters schlechthin. Eine Seele (und damit Verstand) wurde ihm ebensowenig wie den anderen dem Menschen untergeordneten Tieren zuerkannt. Die Frühe Neuzeit stand vor der komplexen Aufgabe, ungeahnt zahlreiche neu entdeckte Arten mit dem existierenden Wissen abzugleichen und in ihr Weltbild zu integrieren, darunter auch Menschenaffen. Dank der stetigen Verbesserungen der Drucktechnik konnte sich das anwachsende Wissen in Wort und Bild schnell ausbreiten. Doch die Schwierigkeiten des Unterfangens liegen auf der Hand: Beschreibende Texte und dazugehörige Abbildungen stammen selten von derselben Person. Die das Tier abbildenden Künstler arbeiteten nicht unbedingt nach wissenschaftlichen Kriterien und hatten die besonders raren Arten meist nicht selbst gesehen. Lebende Exemplare kamen in manchen Fällen lange nicht nach Europa, selbst tote waren vielleicht nicht zu bekommen oder zu konservieren. Etablierte Illustrationen wurden immer wieder kopiert, dabei unter Umständen auch uminterpretiert.[8] Denn es gab zudem noch keine einheitliche Nomenklatur. Große Bedeutung muss also den ersten Illustrationen von Menschenaffen und ihrem Verhältnis zum begleitenden Text beigemessen werden.

Ein interessantes Beispiel hierfür ist ein durch den renommierten Schweizer Naturforscher Conrad Gesner (1516–1565) etablierter Affenbildtyp (Abb. 7). Die Bildquelle ist ein Holzschnitt von Erhard Reuwich, der sich im Anhang von Bernhard von Breydenbachs Reisebeschreibung ins Heilige Land aus dem Jahr 1486 befindet (Abb. 6). Gezeigt wird eine

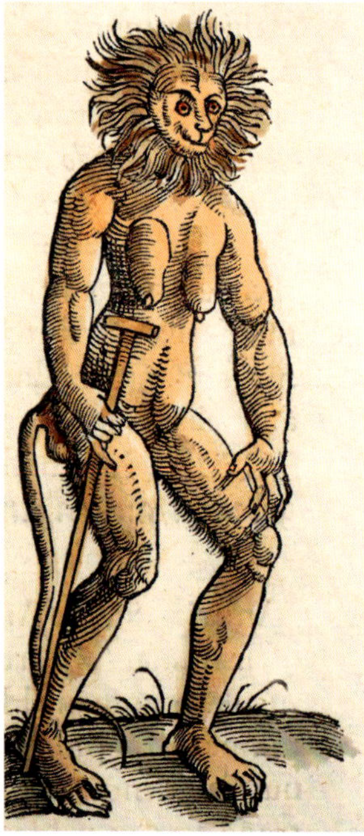

Abb. 7: Der geschwänzte Affe (Cercopithecus) nach Reuwich/Breydenbach bei Gesner, 1551.

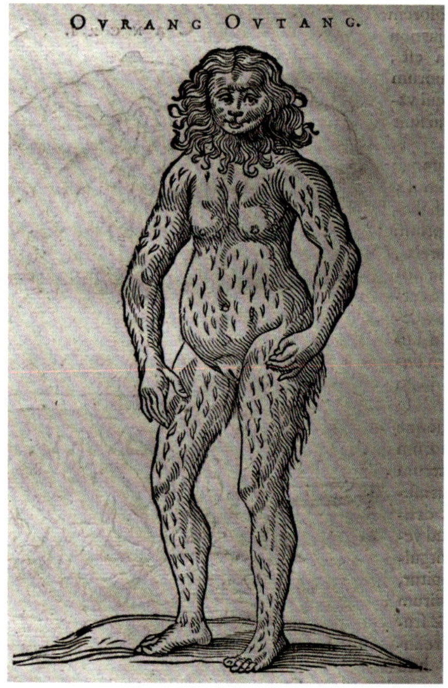

Abb. 8: Der Orang-Utan genannte Waldmensch bei Bontius, 1658.

Gruppe von exotischen Tieren, darunter ein menschlich wirkendes Affenwesen mit Schwanz, hängenden Brüsten und üppigem Haarkranz, das aufrecht steht, einen Stock in der linken Hand und das daneben abgebildete Kamel in der rechten am Strick hält. Die lateinische Bildunterschrift gibt an, dass man sich im Fall dieses Tieres noch auf keinen Namen einigen konnte (non constat de nomine). Gesner entschied sich dafür, diesen Bildbeweis eines exotischen Tieres in seine »Historiae Animalium« (1551) aufzunehmen (Abb. 7).[9] Der Kopie des von der Gruppe isolierten Wesens mit Stock gab er den Namen »Cercopithecus« (geschwänzter Affe). Zu Gesners Zeit kannte man kaum geschwänzte Affenarten, je mehr allerdings gegen Ende des 16. Jahrhunderts entdeckt und illustriert wurden, desto unwahrscheinlicher erschien die Artzugehörigkeit des grob und allzu menschlich dargestellten Wesens aus dem Heiligen Land zu jenen. Mehrere Tierbücher griffen die Abbildung unter der Bezeichnung Cercopithecus auf, was schließlich verworfen wurde. Später stieß das Bild jedoch erneut auf Interesse, und zwar im Zuge der Entdeckung von Menschenaffen.

1631 wird erstmals der malayische Name Orang-Utan für den langgesuchten »Waldmenschen« aus Borneo überliefert, und zwar in den naturhistorischen und medizinischen Betrachtungen des Arztes Jacob de Bondt bzw. Bontius (1592–1631), der 1627 als Gesandter der Niederländischen Ostindien-Kompanie nach Batavia (Jakarta) gegangen war und dort verstarb. Das beobachtete Tier umschrieb er als androgyn wirkenden weiblichen Satyr mit sehr menschlichen Verhaltensweisen wie Weinen und Seufzen. Die Javaner behaupteten, diese Waldmenschen könnten auch sprechen, wollten es jedoch nicht aus Angst, zu Arbeit gezwungen zu werden. Sie glaubten außerdem, die Waldmenschen gingen aus Unzucht von indi-

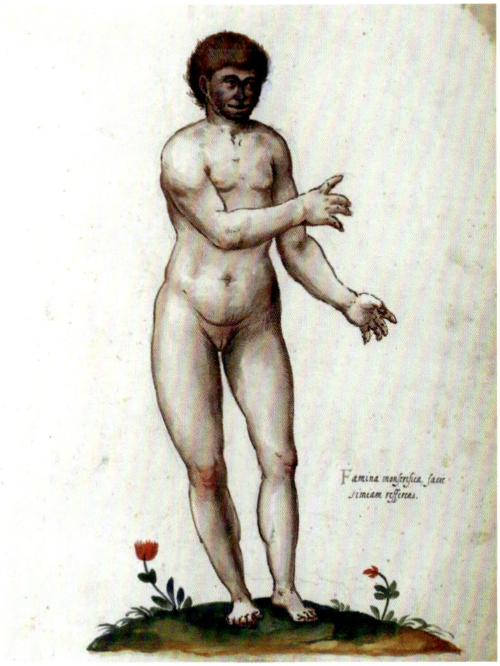

Abb. 9: Mädchen mit monströsem Affengesicht, Porträt der Antonietta Gonsalvus aus der Sammlung des Ulisse Aldrovandi, kurz nach 1583.

schen Weibern mit Affen (»simiis« und »cercopithicis«) hervor. Erst 1658 brachte de Bondts Landsmann Willem Piso, der für die Niederländische Westindien-Kompanie gereist war und sich in Brasilien um die Tropenmedizin verdient gemacht hatte, den Text posthum heraus.[10] Der von Bontius mit dem »indischen Satyr« aus Plinius' Naturgeschichte in Zusammenhang gebrachte »Ourang Outang sive Homo silvestris« wird darin illustriert (Abb. 8). Die Darstellung zeigt ein zottiges, ganz aufrecht stehendes und insgesamt äußerst menschenähnliches weibliches Wesen mit gelocktem Haarkranz. Sie erinnert aus heutiger Sicht eher an die mittelalterliche Darstellungstradition der Wilden Leute als an einen Orang-Utan. Verblüffende Vergleiche lassen sich zudem zu den teratologischen Darstellungen ziehen, die der Bologneser Naturforscher Ulisse Aldrovandi (1522–1605) im 16. Jahrhundert anfertigen ließ.[11] Darunter finden sich weibliche Missgeburten mit affenartigen Köpfen, die in Haltung und Ausdruck dem Orang-Utan von Bontius nahestehen (Abb. 9). Auch von solchen Missgeburten ging noch die Meinung, sie entstünden durch Unzucht mit Tieren. Könnte der Illustrator sie gekannt und als gestalterisches Vorbild genutzt haben? Einem gelehrten Naturforscher des 17. Jahrhunderts sprang als Vergleichsbild der ausrangierte Cercopithecus Gesners ins Gedächtnis, wie wir noch sehen werden. Bis auf Schwanz, Stock und die etwas stärker gebeugte Haltung ähnelt auch er der Orang-Utan-Dame. Aber war sie vielleicht doch ein Mensch? Sprachforscher vermuten heute zumindest, dass sich die malayischen Wörter orang (Person) und hutan (Wald) ursprünglich tatsächlich auf menschliche Waldbewohner und nicht auf eine Affenart bezogen.

Abb. 10: Orang-Utan oder Waldmensch bei Tulpius, 1641.

Ganz anders sieht der weibliche Waldmensch von Tulpius aus (Abb. 10). Hierbei handelt es sich um den ersten dokumentierten Menschenaffen, der lebend in Europa anlangte, und zwar Mitte der 1630er Jahre in Amsterdam, dem damals größten Umschlagplatz exotischer Tiere. Als Geschenk an den holländischen Prinzen Friedrich Heinrich von Oranien kam er an. Der berühmte Arzt Nicolaes Tulp bzw. Tulpius (1593–1674) beschrieb dieses Wesen unter dem Titel »Satyrus Indicus« in seinen erstmals 1641 veröffentlichten »Observationes Medicae«.[12] Im Text wird angegeben, es stamme aus Angola und werde von den Afrikanern »quoias morrou« genannt. Wegen seiner Menschenähnlichkeit bezeichneten die Inder es als »orang-outang«, was Waldmensch heiße. Bis heute ist unklar, ob es sich um einen Schimpansen aus Afrika, einen Orang-Utan aus Asien oder eine andere Spezies gehandelt haben könnte. Tulpius beschrieb menschlich anmutende Verhaltensweisen des Tieres, wie es aus einem Krug trank und in Bettzeug schlief. Seziert scheint er es nach seinem Tod nicht zu haben. Die zugehörige Illustration zeigt es nicht aufrecht gehend wie im Text beschrieben, sondern sitzend. Seine Füße sind nicht wie menschliche, sondern als Greiffüße dargestellt. Die Hände liegen im Schoß, unter dem runden vorgewölbten Bauch verdecken sie das Geschlecht. Die stark behaarten Schultern und den Kopf hält es gesenkt, die Lider auch, sodass es anrührend traurig und beschämt wirkt. Sehr einflussreich war dieses Bild. Es wurde nicht nur in den folgenden Ausgaben der »Observationes medicae« ins Titelblatt eingefügt, sondern begegnet auch in zahlreichen anderen Kontexten wieder. Herausragend sonderbar ist eine Adaption des Bildtypus in den von Arnold Montanus (1625–1683) zusammengestellten Reisebeschreibungen von Gesandten der Niederländischen Ostindien-Kompanie in Japan (1669, dt. Ausgabe 1670).[13] Darin wird ein japanisches Götzenhaus beschrieben, das der Verehrung von Affen diente. Dies gibt Anlass, historische Hintergrundinformationen zu dem aus westlicher Sicht befremdlichen Phänomen der Affenverehrung zu liefern: Derlei Bräuche habe es tatsächlich schon in der vorchristlichen Antike gegeben. Von Ägypten und Babylonien aus habe sich »diese äffische und Närrische Abgötterey der Affen« in ganz Asien ausgebreitet, nicht allein in Japan und China, auch in zahlreichen anderen Regionen, selbst auf der Insel Ceylon. Dort verortet die Beschreibung einen der höchsten indischen Berge und berichtet, man nenne diesen »Pico de Adam«, weil den Einheimischen zufolge Adam dort erschaffen worden sein solle. Noch heute pflege man, seine steinernen Fußstapfen vor Ort zu zeigen. (Es handelt sich offenbar um den Sri Pada Berg in Sri Lanka.) Weiter heißt es (S. 126), dort habe es ursprünglich eine hochverehrte Reliquie gegeben:

> »Auf dem Güpfel dieses Berges stund ein Herliches Götzenhaus/ vol allerhand köstlicher sachen; wie das Gerüchte lief. Darümb zogen auch die Portugallier darnach zu/ sich mit solcher Beute zu bereichern: aber sie fanden nichts/ als ein güldenes Kästlein/ mit edelen Steinen besetzt: darinnen ein Affenzahn verschlossen lag. Wie

Abb. 11: Darstellung von Affen bzw. Waldmenschen des Tulpius-Typs im Kontext von Reiseberichten über Japan, 1670.

Abb. 12: Pygmäe oder Waldmensch, gestochen von Michael Vandergucht für Tyson, 1699.

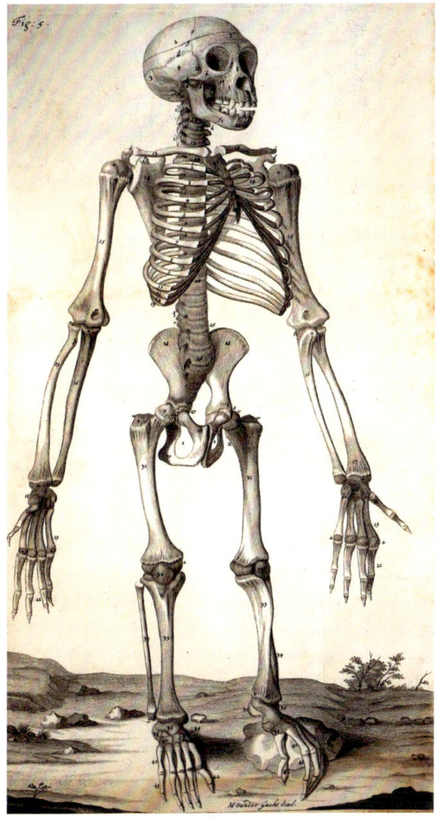

Abb. 13: Skelett des Pygmäen bei Tyson, gestochen von Michael Vandergucht für Tyson, 1699.

hoch die Zeiloner diesen Affenzahn geschätzet/ weil ihm so eine sonderliche Göttligkeit zugeschrieben ward/ ist aus den kosten/ und aus der mühe/ die sie/ ihn wieder zu bekommen/ angewendet/ leichtlich zu urteilen. Dan sie färtigten eine Gesantschaft zu den Portugalliern ab/ und liessen ihnen vor den Affenzahn 140 000 Reichstahler anbieten. Diese hetten zwar das Geld gern gehabt: aber weil ihnen ihr Bischof einen solchen Tausch oder verkauf abriet/ indem er es vor gottlos urteilete/ die Indier bey ihrer Abgötterey also zu erhalten; so ward der Zahn verbrant/ und die Asche in die See geworfen«.

Ausgerechnet ein Affenzahn im irdischen Paradies? Es folgt ein weiterer Exkurs zum Glauben an die Seelenwanderung, dem die heidnischen Japaner noch immer anhingen. Wenn sie Tiere anbeteten, so also eigentlich die in ihnen wohnenden menschlichen Seelen; und die »allerklüglichsten Wohnungen« für wandernde Seelen gäben die Affen ab, da sie dem Menschen ja so ähnlich seien. Hieran anschließend werden zur Beweisführung dieser Ähnlichkeit die medizinischen Anmerkungen des Amsterdamer Arztes Tulp zu dem aus Angola geschickten Wesen, das in Indien »Orang-Utang« genannt wird, referiert. Abschließend heißt es, dass die an Seelenwanderung glaubenden Japaner aufgrund dieser großen Ähnlichkeit meinten, dass

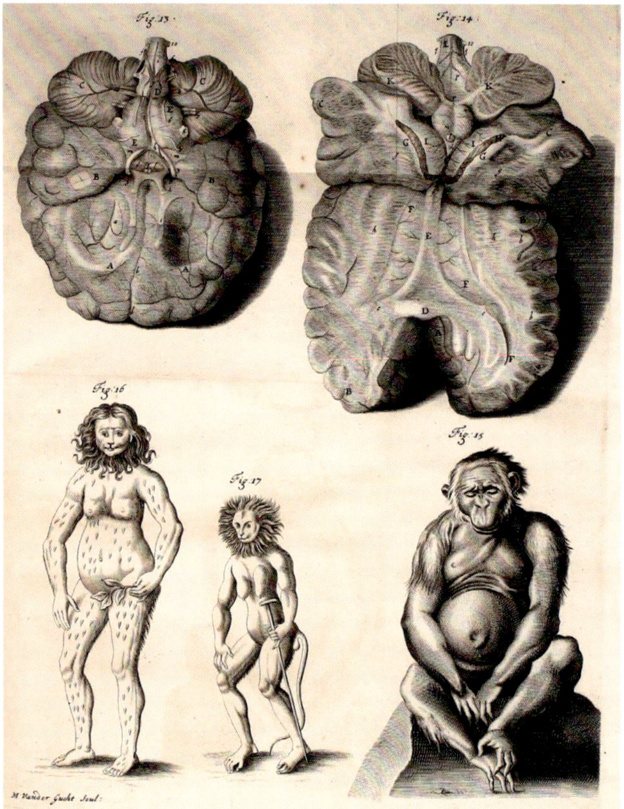

Abb. 14: Die Bildtypen von Bontius, Gesner und Tulpius, gestochen von Michael Vandergucht für Tyson, 1699.

vor allem die Geister von Königen und Kaisern in Affen Wohnung nähmen. Inmitten dieser bunten Zusammenstellung fernöstlichen und westlichen Wissens und Glaubens platzierte man eine Abbildung, die alles Ungereimte irgendwie poetisch zu vereinen scheint (Abb. 11). In einer paradiesischen Landschaft hängt Tulps Äffin an einem leicht geneigten Palmbaum, über ihrem Kopf baumelt eine Frucht. Ihr Blick ist gesenkt und schielt ein wenig nach unten rechts, wohin auch ihr rechter Arm sich zögernd streckt. Denn am Boden vor ihr steht aufrecht und breitbeinig ihr männliches Gegenüber, Trauben hinter sich in der rechten Hand und eine Tulpe in der linken, bereit zur Übergabe. Viele Deutungsmöglichkeiten ergeben sich. Das Attribut der Trauben ist das des derben sinnlichen Satyrs der Antike, die Tulpe zu dieser Zeit höchster Ausdruck von Kultiviertheit und Reichtum. Warum führen die Affen sich wie Adam und Eva im Paradies auf? Wohnt eine hohe Seele in ihnen? Und wer verführt überhaupt wen zu was?

Knochen und frühe Vorzeit

1699 veröffentlichte der britische Zoologe und Humanmediziner Edward Tyson (1651–1708) die erste detaillierte anatomische Studie eines Menschenaffen, um solche schwierigen Fragen etwas wissenschaftlicher anzugehen.[14] Zum kritischen Vergleich mit seinem eigenen Studienobjekt druckte er darin die beiden Bildtypen Tulps und Bondts sowie den Cercopithecus Gesners ab (Abb. 14). Der Bondt'schen Wald-Dame verdeckte man dabei das weibliche Geschlecht mit einem Blätterzweig, auch hier schlich sich also ein Attribut Evas aus der Paradiesikonographie ein. Sein eigenes männliches Studienexemplar zeigte Tyson ohne verdecktes Geschlecht, aber ganz aufrecht mit Stock (Abb. 12). Auch diese Darstellung sollte zu einem einflussreichen Bildtyp werden. Eine Reihe von Illustrationen widmet sich außerdem der Darstellung des Muskelaufbaus und Skeletts sowie der inneren Organe (Abb. 13 und 14). Das Skelett des von ihm analysierten Menschenaffen, den er ebenfalls Orang-Utan nannte und mit den Pygmäen in Zusammenhang brachte, existiert noch heute und ist ein Glanzstück des Londoner Naturkundemuseums, nunmehr als einjähriger Schimpanse identifiziert. Tyson listete sorgfältig anatomische Ähnlichkeiten und Unterschiede dieses Schimpansen zu geschwänzten Affen und zum Menschen auf. Er betonte, dass die Zusammenschau der verschiedenen Arten die graduellen Übergänge zwischen ihnen vor Augen führten. Die Vorstellung von der Stufenordnung der Natur (scala naturae) ist alt. Bahnbrechend war sein systematischer anatomischer Ansatz. Über die Vergleichsanalyse und philologische

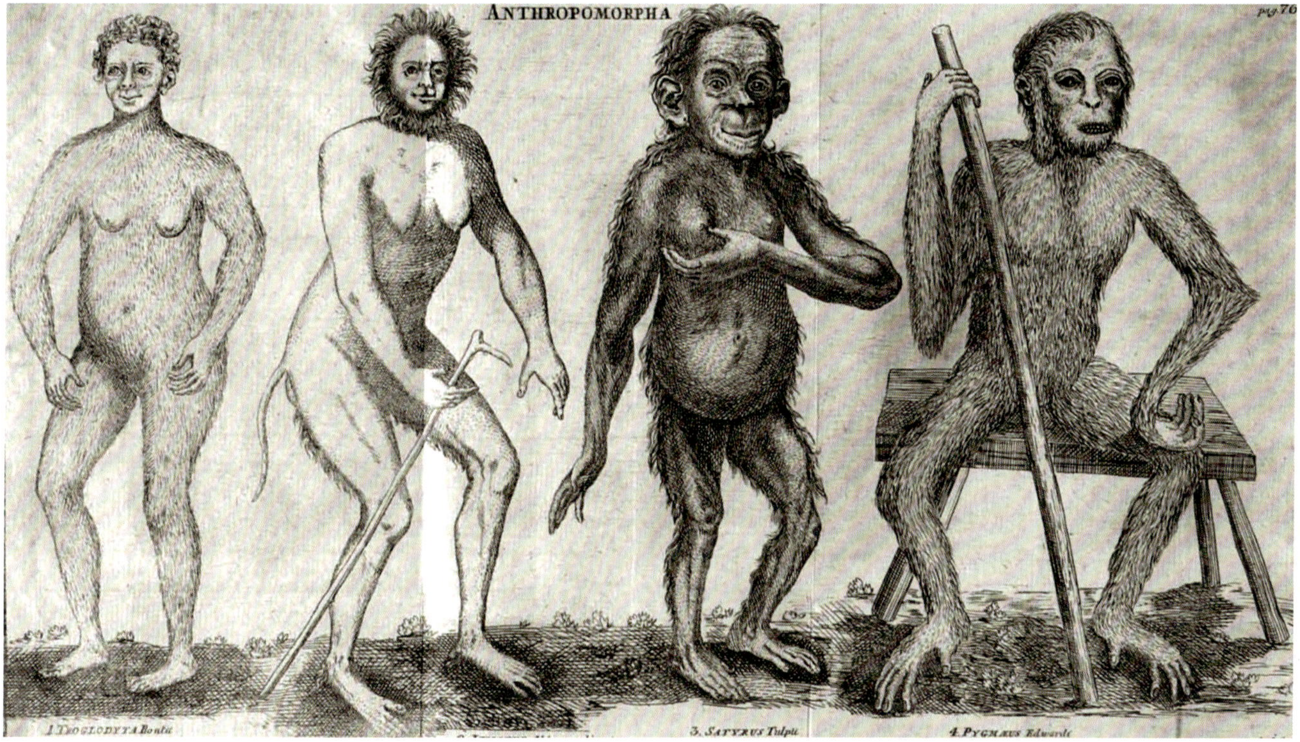

Abb. 15: Die Bildtypen von Bontius, Gesner, Tulpius und Tyson in Variation (von Kopien aus unterschiedlichen Werken kopiert), gezeichnet von Hoppius, 1760.

Exkurse kam er zu dem Schluss, alle antik überlieferten Zwischenwesen wie Pygmäen und Satyrn seien Affen, keine Menschen. Hierzu sollte sich im 18. Jahrhundert auch eine starke Gegenmeinung herausbilden, die den Menschenaffen als guten Wilden interpretierte.

Da der große schwedische Systematiker Carl von Linné (1707–1778) kein physisches Gattungsmerkmal finden konnte, das den Menschen (Homo) ausreichend vom Affen (Simia) unterschiede, sortierte er 1735 beide in die Ordnung der »Anthropomorpha« ein. Hinter den am höchsten unter den Tieren platzierten Homo setzte er orakelnd und philosophisch ein »Nosce te ipsum« (erkenne dich selbst). Wieder werden wir implizit auf den entscheidenden Moment im Paradies zurückverwiesen, auch für Linné war die Fähigkeit zur Selbsterkenntnis das wesentliche Kriterium. Eine Dissertation seines Doktoranden Christian Emanuel Hoppius behandelt speziell Linnés Thema der Anthropomorpha (1760).[15] Die angefügte Bildtafel zieht noch einmal alle Register der seit Gesner etablierten Traditionen von Mensch-Affe Darstellungen (Abb. 15). Nebeneinander werden dort zum Vergleich die vier einflussreichen frühneuzeitlichen Bildtypen der uns am nächsten stehenden Verwandten gezeigt: der weibliche Orang-Utan von Bontius ohne Blatt vor der Scham (bezeichnet als Troglodyta Bontii), der Cercopithecus Gesners mit Stock und verkürztem Schwanz (Lucifer Aldrovandi genannt), der weibliche Satyr von Tulpius aufrecht stehend statt sitzend mit einer zur Brust geführten Hand (Satyrus Tulpii) und der Pygmäe Tysons sitzend statt stehend mit Wanderstab (Pygmaeus Edwardi). Im Text findet man die alten Anekdoten referiert. Alles bleibt weiterhin unklar und offen, ein weites Feld der assoziativen Möglichkeiten.

Der Schweizer Arzt und Naturforscher Johann Jacob Scheuchzer (1672–1733) hatte sich im 18. Jahrhundert hingegen an die Aufsehen erregende Unternehmung gemacht, die neuesten naturwissenschaftlichen Erkenntnisse mit der Bibel auf lehrreiche und unterhaltsame Weise in Verbindung zu bringen. Seine »Kupfer-Bibel oder Physica sacra« erschien 1731–1735 in Augsburg und Ulm, da er in der Schweiz keine Druckgenehmigung erhielt[16]. Sie wurde äußerst großzügig und prächtig mit 750 Kupfertafeln illustriert, welche die biblische Erzählung physikotheologisch, in naturgeschichtlichem Kontext darstellen. Darin begegnet uns zum Beispiel Tulps weiblicher Satyr wieder, nun dem rot- und rauhaarigen Jäger Esau zur Seite sitzend, der in der moralisierenden Texterläuterung als satyrischer »Mißwachs der Natur« gedeutet wird. Für die lehrreiche und unterhaltsame Vorgeschichte der Paläoanthropologie bedeutsam ist vor allem, dass Scheuchzer einen Fossilienfund mit der Frühgeschichte der Menschheit in Zusammenhang brachte. Bereits 1726 beschrieb er sowohl in einem Traktat als auch auf einem Flugblatt ein in Öhningen beim Bodensee gefundenes Fossil als »homo diluvii testis«, als »Bein-Gerüst eines in der Sündflut ertrunkenen Menschen« (Abb. 16).[17] Das Bildnis, welches er »in sauberem Holz-Schnitt der gelehrten und curiosen Welt zum Nachdencken« vorlegte und auch in seiner Natur-Bibel abkupfern ließ, hielt er für »eines von sichersten ja ohnfehlbaren Überbleibselen der Sündflut«. Erst als man im Verlauf des 18. Jahrhunderts vergleichbare Fossilien ausgrub, konnte der Fund besser eingeordnet werden. Er wurde inzwischen als mitteleuropäischer Riesensalamander aus dem Miozän iden-

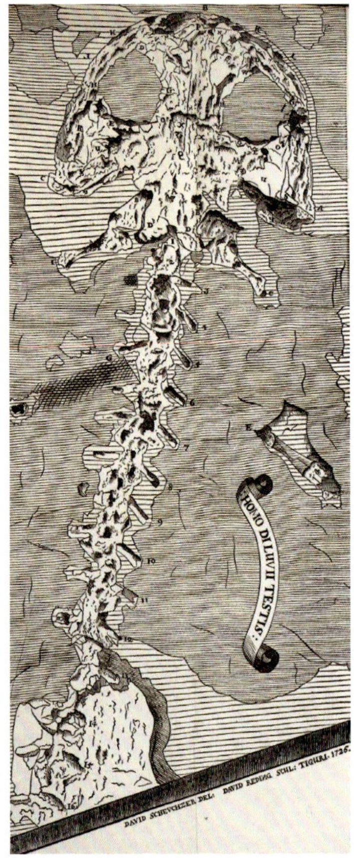

Abb. 16: Fossil, das Scheuchzer als Skelett eines in der Sintflut umgekommenen Menschen interpretierte, gezeichnet von David Scheuchzer, geschnitten von David Reding, 1726.

tifiziert und ist heute das Prunkstück des Teylers Museums in Haarlem. Diese ausgestorbene Gattung in der Ordnung der Schwanzlurche wurde im 19. Jahrhundert nach Scheuchzer (Andrias scheuchzeri) benannt. Ihre nächsten lebenden Verwandten tummeln sich in Japan und China; über deren spezifisches Seelenheil wird aktuell nicht spekuliert.

Dennoch war nun im Wesentlichen der Grund gelegt, auch nach fossilen Knochen von Menschen Ausschau zu halten und sie in neue Fragestellungen an die Entwicklungsgeschichte der Menschheit einzubinden. Ständig im Wandel begriffen, stoßen die Meinungen und Beweisführungen zu diesen komplexen Fragen uns immer wieder auf neue Facetten von Weltbildern und Haltungen, mit denen der Mensch durchs Leben geht.

Anmerkungen

1 Adolph Goldschmidt, Kurt Weitzmann, Die byzantinischen Elfenbeinskulpturen des X.-XIII. Jahrhunderts, Bd. 1 Kästen, Berlin: Bruno Cassirer, 1930.
Theo Jülich, Die mittelalterlichen Elfenbeinarbeiten des Hessischen Landesmuseums Darmstadt, hg. v. Hessischen Landesmuseum Darmstadt, Regensburg: Schnell & Steiner, 2007.

2 Harald Siebenmorgen (Hg.), Leonhard Kern (1588-1662). Meisterwerke für die Kunstkammern Europas, Sigmaringen: Jan Thorbecke Verlag, 1988.
Bernhard Heitmann, Leonhard Kern. Die Vertreibung aus dem Paradies, Museum für Kunst und Gewerbe Hamburg, Berlin: Kulturstiftung der Länder, 1991.

3 Klaus H. Börner, Auf der Suche nach dem irdischen Paradies. Zur Ikonographie der geographischen Utopie, Frankfurt: Verlag Jochen Wörner, 1984.
Heinrich Krauss, Das Paradies. Eine kleine Kulturgeschichte, München: Verlag C. H. Beck, 2004.

4 Hermann Kliege, Weltbild und Darstellungspraxis hochmittelalterlicher Weltkarten, Münster: Nodus-Publ., 1991.
Brigitte Englisch, Ordo obis terrae. Die Weltsicht in den Mappae mundi des frühen und hohen Mittelalters. Orbis medievalis. Vorstellungswelten des Mittelalters Bd. 3, hg. v. Hans-Werner Goetz, Wilfried Hartmann, Peter Segl, Helmut G. Walter, Berlin: Akademie Verlag, 2002.

5 Cosmas Indicopleustès, Topographie Chrétienne. T. I - III. Introduction, Texte critique, Illustration, Traduction et Notes par Wanda Wolska-Conus. Sources Chrétiennes N. 141, 159, 197. Paris: Les Éditions Du Cerf 29, 1968, 1970, 1973.

6 Rodney W. Shirley, The Mapping of the World: Early Printed World Maps 1472-1700, London: The Holland Press, 1983.
Christoph Auffarth, „Neue Welt und Neue Zeit – Weltkarten und Säkularisierung in der Frühen Neuzeit", in: Expansionen in der Frühen Neuzeit, hg. von Renate Dürr, Berlin: Duncker & Humblot, 2005.

7 Hans Werner Ingensiep, Der kultivierte Affe. Philosophie, Geschichte und Gegenwart, Stuttgart: Hirzel, 2013.

8 William B. Ashworth Jr., The Persistent Beast: Recurring Images in Early Zoological Illustration, in: The Natural Sciences and the Arts. Aspects of Interaction from the Renaissance to the 20th Century. An International Symposium (Acta Universitatis Upsaliensis, Figura Nova Series 22), Stockholm 1985, S. 46–66.

9 Conrad Gesner, Historiae animalium, Lib. I De Quadrupedibus uiuiparis, Zürich: Froschauer, 1551.

10 Jacob de Bondt (Bontius), Historiae naturalis et medicae orientalis, in: Willem Piso, De Indiae utriusque re naturali et medica libri quatuordecim, Amsterdam: Ludovicus und Daniel Elsevier, 1658.

11 Biancastella Antonino (Hg.), Animali e Creature Mostruose di Ulisse Aldrovandi, Mailand: Federico Motta Editore, 2004.

12 Nicolaas Tulp, Observationum medicarum. Cum aeneis figuris XIIII, Amsterdam: Ludwig Elzevir, 1641.

13 Arnold Montanus, Denckwürdige Gesandtschafften der Ost-Indischen Gesellschaft in den Vereinigten Niederländern an unterschiedliche Keyser von Japan. Darinnen zu finden nicht allein die wunderlichen Begäbnüsse auf der Reyse der Niederländischen Gesanten, sondern auch Eine Beschreibung der Dörffer, Festungen, Städte, Landschafften, Götzengebeue, Götzendienste, Kleidertrachten, Heuser, Thiere, Gewächse, Berge, Brunnen, als auch der alten und itzigen Kriegsthaten der Japaner. Mit einer großen Anzahl Kupferstücken, in Japan daselbsten abgerissen, gezieret. Aus den Schriften und Reyseverzeichnüssen gemelter Gesanten gezogen, Amsterdam: Jacob Meurs, 1670.

14 Edward Tyson, Orang-Outang, sive Homo Sylvestris: or, the Anatomy of a Pygmy compared with that of a Monkey, an Ape, and a Man. To which is added a Philological Essay Concerning the Pygmies, the Cyncephali, the Satyrs, and Sphinges of the Ancients. Wherein it will appear that they are all either Apes or Monkeys, and not Men, as formerly pretended, London: Thomas Bennet, 1699.

15 Christian Emmanuel Hoppius, Dissertatio Accademica, in qua Anthropomorpha (Upsala, 1760), in: Carl von Linné, Amoenitates Academicae, Bd. 6, Stockholm 1763.

16 Johann Jacob Scheuchzer, Kupfer-Bibel, In welcher Die Physica Sacra, oder Geheiligte Natur-Wissenschaft Derer in Heil. Schrift vorkommenden Natürlichen Sachen, Deutlich erklärt und bewährt, Augsburg: Johann Pfeffel und Ulm: Christian Ulrich Wagner, 4 Bde., 1731–1735.

17 Johann Jakob Scheuchzer, Homo diluvii testis, Zürich: Johann Heinrich Bürkli, 1726.

Friedemann Schrenk und Oliver Sandrock

Expanding Worlds

Es war 1726 als der Schweizer Naturforscher Johann Jakob Scheuchzer ein in Öhningen am Bodensee gefundenes Amphibienfossil als »... Überreste des in der Sündflut untergegangenen Menschengeschlechts ...« beschrieb. Als Carl von Linné, Schwede, gläubiger Christ und forscher Naturwissenschaftler den Menschen 1758 zusammen mit Halbaffen, Affen und Fledermäusen in seine Säugetierordnung der Primaten oder »Herrentiere« einordnete und damit erneut die Herkunft des Menschen zur Diskussion brachte, reagierten seine Zeitgenossen ebenfalls mit Zweifeln: Seit dem Mittelalter galt der Affe als das vom Teufel geschaffene Zerrbild des Menschen. Den Menschen – das Ebenbild Gottes (Zitat) – in eine Linie mit dem Affen zu stellen, grenzte an Gotteslästerung.

Es sollte weitere 130 Jahre dauern, bis ein Fossil harte Beweise lieferte, die zum Überdenken des damaligen Weltbildes anregten: Der Neandertaler aus dem gleichnamigen Tal bei Mettmann. Mit den 1856 gefundenen und von Johann Carl Fuhlrott interpretierten Knochen wurde, wenn auch nicht sofort, Wissenschaftsgeschichte geschrieben: »... Nach Untersuchung dieses Gerippes, namentlich des Schädels, gehörte das menschliche Wesen zu dem Geschlechte der Flachköpfe, deren noch heute im amerikanischen Westen wohnen, von denen man in den letzten Jahren noch mehrere Schädel an der oberen Donau bei Sigmaringen gefunden hat. Vielleicht trägt dieser Fund zur Erörterung der Frage bei: Ob diese Gerippe einem mitteleuropäischen Urvolke oder bloß einer (mit Attila?) streitenden Horde angehört haben ...«

Der Neandertaler wurde in den zeitgenössischen Medien als Vertreter eines mitteleuropäischen Urvolkes dargestellt, dann als verirrter Kosak der russischen Kavallerie ausgewiesen und schließlich von Rudolf Virchow, einem erklärten Gegner der darwinschen Evolutionstheorie, als rachitischer, moderner Mensch verunglimpft. Selbst 150 Jahre nach seiner Entdeckung sorgt der Neandertaler immer noch für wissenschaftliche Kontroversen. Sowohl die Diskussionen um die direkte Abstammung des modernen Menschen als auch die Auseinandersetzungen um den multiregionalen oder afrikanischen Ursprung des Homo sapiens und ebenso die Debatten um die kulturelle und soziale Fähigkeit des vermeintlich »plumpen« Neandertalermenschen zeigen, dass der »Mythos Neandertaler« und die Frage nach dem Ursprung der Menschheit nach wie vor aktuell sind.

Das öffentliche Interesse an Fossil und Forscher ist sowohl zu Scheuchzers Zeit als auch heute groß, geht es doch um die eigene Geschichte: Die Geschichte des Rätsels Mensch.
Bis heute ist das Wissen um die Menschwerdung lückenhaft. Nur einige tausend Hominiden-Funde geben Auskunft auf die

Fragen: Wo kommt der Mensch her? Seit wann gibt es den Menschen? Wann und wo lebten die letzten gemeinsamen Vorfahren des Menschen und des Affen? Wie entstand unser aufrechter Gang, das Gehirn, die Sprache? Vielleicht ist es gerade die Ungewissheit, die die Wissenschaft zur Erforschung des »Alten Menschen«, die Paläoanthropologie, so interessant macht. Spekulationen, Hypothesen und Annahmen werden in wenig anderen Wissenschaftsbereichen so öffentlich kommuniziert und diskutiert, und das bereits seit dem Beginn der vergleichsweise jungen Wissenschaft.

Briefmarke mit dem Klagenfurter Lindwurm als Motiv.

Fossilfunde stehen als Indizien für die Stammesgeschichte der Menschen nur sehr spärlich zur Verfügung, statistisch gesehen etwa ein Knochen- oder Zahnfragment pro hundert Generationen Menschheitsgeschichte. Der paläontologische Erkenntnishorizont ist also begrenzt und die Evolution des Menschen kann von der Paläoanthropologie nur unvollständig nachgezeichnet werden. Fossilien tragen außer ihrer stummen Anwesenheit nichts zu ihrer Interpretation bei. Je nachdem, wer sich wann, wo und wie daran versucht, unterscheiden sich die Resultate erheblich: Das jeweilige wissenschaftliche und kulturelle Weltbild des Rekonstrukteurs, ideologische und religiöse Parameter bestimmten und bestimmen das Ergebnis. Weil sich aus diesen Wissenschaften – wenn auch gut begründete – aber oft nur indirekte Bewertungen für die Evolution des Menschen ergeben, können in der Paläoanthropologie keine Richtig- oder Falsch-Antworten erwartet werden, sondern lediglich Hypothesen, die wahrscheinlicher sein können als andere. Von einer historischen Wissenschaft wie der Paläontologie, die ohne Inschriften und menschliche Zeugnisse auskommen muss, mehr zu erwarten, wäre ebenso vermessen wie unredlich, den Eindruck zu erwecken, dass solches möglich wäre.

Weltbilder

Bereits im 16. Jahrhundert bestimmte das vorherrschende Weltbild die Interpretation von Funden. Ein Paradebeispiel dafür ist das steinerne Denkmal des Klagenfurter Lindwurms. Der Kopf dieses Lindwurms wurde nach festgefügten Drachenvorstellungen rekonstruiert. Vorlage und Modell des Drachens war ein im Jahre 1335 in Klagenfurt gefundener Schädel eines damals noch nicht bekannten Lebewesens. Die Rekonstruktion des Lindwurms erfolgte deshalb nach den gängigen Motiven aus der Mythologie. Für den Bildhauer war es bei seiner Beauftragung im Jahr 1582 klar, dass er den Schädel als Drachenschädel ausarbeiten musste, denn die Größe des Schädels passte einfach zu keinem anderen Wesen. Die Interpretation des Schädels als Drachenkopf war unter den damaligen gedanklichen Vorbedingungen als realistisch anzusehen. Im Jahr 1840, fast 500 Jahre nach seiner Entdeckung, wurde der Schädel als der

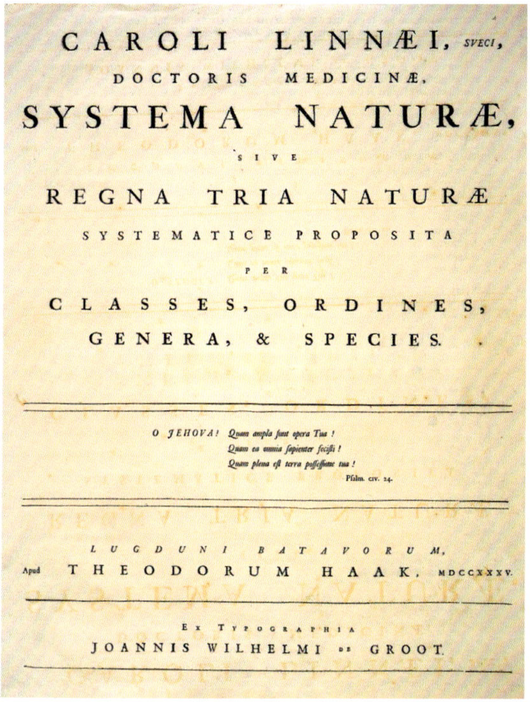

CAROLI LINNÆI, SVECI,
DOCTORIS MEDICINÆ,
SYSTEMA NATURÆ,
SIVE
REGNA TRIA NATURÆ
SYSTEMATICE PROPOSITA
PER
CLASSES, ORDINES,
GENERA, & SPECIES.

O JEHOVA! Quam ampla sunt opera Tua!
Quam ea omnia sapienter fecisti!
Quam plena est terra possessione tua!
Psalm. civ. 24.

LUGDUNI BATAVORUM,
Apud THEODORUM HAAK, MDCCXXXV.

Ex Typographia
JOANNIS WILHELMI DE GROOT.

1. Auflage der Systema naturae von Carl von Linné.

eines eiszeitlichen Wollhaarnashorns identifiziert, den man zum Zeitpunkt der künstlerischen Gestaltung des Schädels noch nicht kannte. Unsere heutige Interpretation ist deshalb jedoch nicht richtiger als jene aus dem 16. Jahrhundert. Sie ist wahrscheinlicher und logischer und entspricht unserem heutigen wissenschaftlichen Weltbild eher als die mythologische Drachenlösung.

Die Methodik der Paläoanthropologie wurde stark von der Klassifizierung der organismischen Welt beeinflusst, die erstmals von Linné (1735) vorgenommen wurde. Die Menschen wurden in wissenschaftlicher Korrektheit nach geographischer Herkunft und Hautfarben eingeteilt. In der zweiten Auflage seines Werkes fügte er dann jedoch Verhaltensmerkmale zur Unterscheidung hinzu, der Beginn des vermeintlich wissenschaftlich begründeten Rassismus. Damit begann eine Entwicklung, die bis zum Anfang des 20. Jahrhunderts anhielt: Afrikaner wurden in Zoos und Menagerien ausgestellt und nicht dem wahren Homo sapiens zugeordnet, der nach dieser Deutung nur in Europa entstanden sein konnte.

Bereits Charles Darwin vermutete, der Ursprung der Menschen sei dort zu suchen, wo bis heute unsere biologisch engsten Verwandten, die Schimpansen, leben. Allerdings war es bis zum ersten Fund eines Vormenschen-Fossils im südlichen Afrika noch ein langer Weg und ein noch längerer zu seiner wissenschaftlichen Anerkennung. Zumal für Europäer, also die Bewohner des im 19. Jahrhundert »gebildetsten Erdteils« wie es im Orbis Pictus von 1842 heißt, kein anderer Ursprungsort der Menschheit vorstellbar war als Europa. Folgerichtig ist das »geschichtslose Afrika« ein bis heute wirksames Produkt eurozentrischen Machterhalts. Dass afrikanische Gesellschaften ihre Geschichte überwiegend oral tradierten, entsprach nicht der europäischen Norm, die seit Herodot schriftliche Dokumentation zum Standard der Geschichtsschreibung erhob. Glücklicherweise werden heute alle Arten von Quellen – mündliche Überlieferung, Fossilien, Artefakte, Genanalysen – für historische Forschungen ausgeschöpft. So ist auch die Erforschung der Frühzeit des Menschen eine eigene Form der Geschichtswissenschaft, die auf der Grundlage nichtschriftlicher Quellen betrieben wird.

Wiege der Menschheit

Heute gilt Afrika als biologischer Ursprungsort der Menschen (Gattung Homo), die sich von dort in mehreren »Wellen« seit ca. 2 Millionen Jahren über die Welt verbreitet haben. Auch die biologisch modernen Menschen entstanden vor ca. 200 000 Jahren in Afrika und besiedelten von hier aus die gesamte Erde. Die Entwicklung sozialer Fähigkeiten als Vorbedingung zur Kooperation – eine unverzichtbare Voraussetzung, um in einer bedrohlichen und mit vielfältigen Gefahren und mächtigen Gegnern aufwartenden Umwelt zu überleben – war entscheidend für die Entstehung und die Durchsetzung der Hominiden und ihre beginnende kulturelle Evolution. Die Bildung stabiler sozialer Gruppen als kulturellem Prozess barg jedoch auch bereits den Keim für Ausgrenzung, Unterdrückung und Ausbeutung von Angehörigen anderer, fremder Gruppen in sich: In diesem Sinne ist Afrika Ursprung der biologischen, sozialen und kulturellen Evolution der Menschen – und damit auch der Ursprung der unterschiedlichen Wertesysteme.

Die ersten europäischen Hominidenfunde aus Belgien, 1830 und Gibraltar, 1848 wurden zwar erst nach den Entdeckungen im Neanderthal bei Mettmann von 1856 als solche erkannt, trugen aber nur wenig zur Überwindung des Eurozentrismus in der Hominidenforschung bei. Mit dem Fund des weit über 1 Million Jahre alten Pithecanthropus erectus auf Java (Indonesien) durch Eugène Dubois (1894), wanderte die Wiege der Menschheit jedoch am Ende des vorletzten Jahrhunderts zunächst nach Südostasien ab – um am Anfang des 20. Jahrhunderts mit der Fälschung von Piltdown nach Europa zurückzukehren. Der politisch motivierte Versuch, den Ursprung der Gattung Mensch nach England zu verlegen, scheiterte jedoch an einem Fossil aus einer als Wiege der Menschheit gänzlich unwahrscheinlich scheinenden Weltgegend: Ende 1924 hatten Steinbrucharbeiter am Rande der Kalahari im südlichen Afrika einen fossilen Kinderschädel geborgen, der vom Johannesburger Anatomieprofessor Raymond Dart unter der Bezeichnung Australopithecus africanus (afrikanischer Südaffe) der skeptischen Fachwelt vorgestellt wurde. Dass es sich entgegen der damals herrschenden Lehrmeinung und dem gefälschten ‚Piltdown Skull' um Vormenschen handelte, hat sich in den vergangen Jahrzehnten durch eine große Anzahl weiterer Funde im südlichen, östlichen und westlichen Afrika bestätigt.

Die ersten aufrecht gehenden Vormenschen entwickelten sich am Rande des tropischen Regenwaldes, der aufgrund von Klimaveränderungen zunehmend offener wurde. Der aufrechte Gang des Menschen entstand vielleicht sogar mehrmals in diesem Lebensraum, da er Vorteile bei der Nahrungsbeschaffung bot. Auch Kooperationsfähigkeit war ein entscheidender Grund für die Entstehung der Vormenschen. Vor ca. 2,5 Millionen Jahren in einer Phase starker Trockenheit blieben die Regenzeiten über mehrere hunderttausende Jahre weitgehend aus, die Nahrung bestand zu einem großen Teil aus hartschaligen und faserigen Pflanzen. Hierbei entstand die Gattung Mensch durch die Erfindung der Technik: Die ersten Werkzeuge waren Hammersteine zum zerkleinern der harten Nahrung. Bald darauf wurde auch das Feuer genutzt. Mit Beginn der kulturellen Evolution kam es zu ersten Expansionen der Frühmenschen (Homo erectus) von Afrika aus zunächst nach Asien

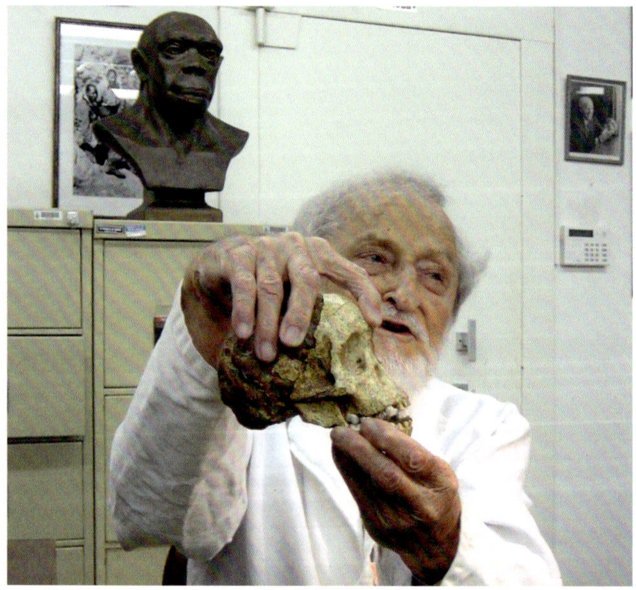

Phillip Tobias (1925–2012) und das Kind von Taung, ein Fossil von Australopithecus africanus.

(Kaukasus und Südostasien) und Südeuropa. Während die Faktoren der biologischen Evolution langsam an Bedeutung abnehmen, steigt die Zahl der Entwicklungsfortschritte bei der kulturellen Evolution stetig an und führt vor ca. 200 000 Jahren zur Entstehung von Homo sapiens in Afrika. Gleichzeitig bevölkerte eine Vielzahl von Zeitgenossen die Erde so z.B. die Neandertaler in Europa, die Denisova Menschen in Asien oder die Flores-Menschen in Südostasien. Zwar sind geringe frühe Vermischungen paläogenetisch nachzuweisen, aber seit ca. 17 000 Jahren sind wir alleine auf der Welt, Homo sapiens hatte alle anderen Mitmenschen verdrängt.

Out of Africa

Auch wenn es keine älteren Funde moderner Menschen außerhalb Afrikas gibt, kann die inzwischen unabweisbare paläoanthropologische Erkenntnis des Phänomens »Out of Africa« immer noch eurozentrisch missinterpretiert werden, und zwar mit dem Umkehrschluss dass eine Weiterentwicklung des Menschen zu sogenannten »Hochkulturen« jedenfalls nur außerhalb Afrikas stattfinden konnte. Dies jedoch ist äußerst unwahrscheinlich, wenn auch die Belege aus Europa bislang – aufgrund höherem Forschungsaufwand – noch zahlreicher sind. Mit zunehmenden Erkenntnissen aus Afrika wird sich ohne Zweifel herausstellen, dass alle Elemente kultureller Modernität einschließlich Kunst und Musik ihren Ursprung ebenso in Afrika hatten, wie die biologische Modernität des Homo sapiens.

Ein Langfrist-Forschungsprojekt der Heidelberger Akademie der Wissenschaften (ROCEEH), das in Frankfurt und Tübingen durchgeführt wird, hat zum Ziel, die raumzeitlichen Wanderungsmuster von Homininen zwischen 3 Millionen und 20 000 Jahren vor heute zu rekonstruieren und die Expansionen ihrer geistigen und kulturellen Fähigkeiten zu beleuchten.

THE ROLE
OF CULTURE
IN EARLY
EXPANSIONS
OF HUMANS

Auch ein multiregionaler Ursprung der modernen Menschen in verschiedenen Regionen der Welt erscheint unwahrscheinlich, wie molekulargenetische Daten vor allem aus DNA-Sequenzen von Mitochondrien (mtDNA) moderner Menschen zeigen. Mitochondrien sind Zell-Organellen, die nur von der Mutter vererbt werden. Daher spiegelt die genetische Variation von mtDNA die Geschichte der Frauen wider und gibt Aufschluss über die »molekulare Eva«, also die Frau, auf welche alle heute existierenden mtDNA-Varianten zurückgehen, wenn man den Mutationsprozess zurückverfolgt. Es zeigt sich, dass sie in Afrika gelebt haben muss, da in Stammbäumen, die aus den mtDNA-Sequenzen erstellt wurden, afrikanische Varianten am nächsten zur Wurzel zu finden sind. Sequenz-Varianten, die außerhalb Afrikas vorkommen, finden sich auch in Afrikanerinnen, während dies umgekehrt nicht der Fall ist. Eine Region im Genom, die sich als Gegenstück zur mtDNA anbietet, ist das Y-Chromosom. Da es ausschließlich vom Vater an die Söhne weitervererbt wird, spiegelt es die Geschichte der Männer wider. Auch die ältesten Linien von Y-Chromosomen basieren auf einem afrikanischen Ursprung. Nicht zuletzt lehrt uns die moderne Genetik aber auch, dass es beim Menschen keine Rassen gibt. Es gibt zwar durchaus genetische Besonderheiten bei verschiedenen geographischen Varianten (weniger als 10 Prozent), aber auch so viele Übereinstimmungen (mehr als 90 Prozent), die jedes Rassekonzept bei Homo sapiens hinfällig machen.

Mit dem »Out of Africa«-Konzept wird der identitätsstiftende Ursprung von Homo sapiens einem Kontinent zugeschrieben, dem die Fähigkeit zur Entwicklung oft abgesprochen wird. Für die Paläoanthropologie ist der afrikanische Kontinent daher folgerichtig nicht nur ein zentraler Forschungsort und Forschungsgegenstand, sondern sie sollte auch die Frage nach der eigentlichen Bedeutung der Funde und ihrer Interpretation für Afrika stellen – eine Frage, die letztlich von hohem aktuellen politischen Gehalt ist.

Deutung und Wirkung

Deutung von Geschichte verlief niemals machtfrei. Wo die Macht lag, ergab sich stets aus der Geschichte – während der letzten 600 Jahre kam sie zumeist aus den Läufen der Gewehre, und dies galt nicht zuletzt für die Kolonialisierung Afrikas. Die Arroganz der Kolonialherren und ihrer intellektuellen Hilfstruppen hat in Afrika das Geschichtswissen und das historische Bewusstsein der autochthonen Bevölkerung entweder negiert oder, bis auf wenige Ausnahmen, zur Etablierung der eigenen Herrschaft neu erfunden, sowohl in biologisch-rassistischen wie in kulturell-hierarchisierenden Erklärungszusammenhängen.

Diese in der Frühen Neuzeit entstandene und bis ins 20. Jahrhundert ungebrochene Geisteshaltung erweist sich bis heute als wirkungsmächtig. In der Moderne wurde die Welt in sogenannte entwickelte und unterentwickelte Länder aufgeteilt. Entwickelte Länder maßten sich an, den Entwicklungsbedarf der unterentwickelten zu bestimmen. Bei heutigen Wissenschaftskooperationen – auch paläoanthropologischen – offenbaren sich diese Machtverhältnisse immer noch, spätestens beim Zugang oder Nichtzugang zu Ressourcen.

Die Bedeutung von Geschichte für Individuen und Gesellschaften ist das Resultat ihrer Deutung. Dies gilt für die neuere Geschichte ebenso wie für die biologische Entwicklungsgeschichte des Menschen und seine im engeren Sinne historische Vor-und Frühgeschichte. Die heutigen Erkenntnisse der Paläoanthropologie bieten daher die große Chance, die vielfältigen, komplexen und verwobenen historischen Prozesse zu rekonstruieren, und dadurch zur Rückgewinnung der afrikanischen Geschichte für den afrikanischen Kontinent beizutragen.

Originale

Die wichtigsten »harten Belege« für die viele Millionen Jahre lange afrikanische Geschichte sind ohne Zweifel Hominiden-Fossilien. Daher ist die Präsenz der Originale in den eigenen Sammlungen für afrikanische Länder ganz besonders wichtig. In einigen Ländern, allen voran Äthiopien, wo sich inzwischen »Lucy« anstatt der Königin von Sheba als afrikanische Urmutter etabliert hat, lässt sich beobachten, wie wichtige Hominidenfunde zunehmend auch zu Identifikations- und Nationalsymbolen werden. Daher wurden und werden paläoanthropologische Sammlungen wie millionenschwere Kunstwerke gesichert. Feuerfeste Tresore sind das Minimum, das Arsenal reicht bis zu atombombensicheren Bunkern und Nachtscharfschaltungen mit Direktleitung zur Polizei. Der Abschluss von Versicherungen ist praktisch wertlos, da der Verlust von Hominidenfossilien unersetzlich ist. So verwundert es kaum, dass schon der Zugang zu diesen Fossilien streng geregelt ist. In einer Wissenschaft mit mehr Forschern als Funden bleibt allerdings die Konkurrenz nicht aus. Und so gaben die notwendigen Reglementierungen in der Vergangenheit vor allem den Sammlungskuratoren eine große Machtfülle, die durchaus missbraucht werden konnte. Der Schlüssel zum Safe war das entscheidende Machtmittel. Auch wenn dies nicht die Regel war und man als Wissenschaftler mit berechtigtem Forschungsinteresse Zugang zu den Originalfossilien erhielt, war es dennoch unmöglich, Originale aus verschiedenen Sammlungen direkt miteinander zu vergleichen. Bis heute konnte noch nie ein Paläoanthropologe

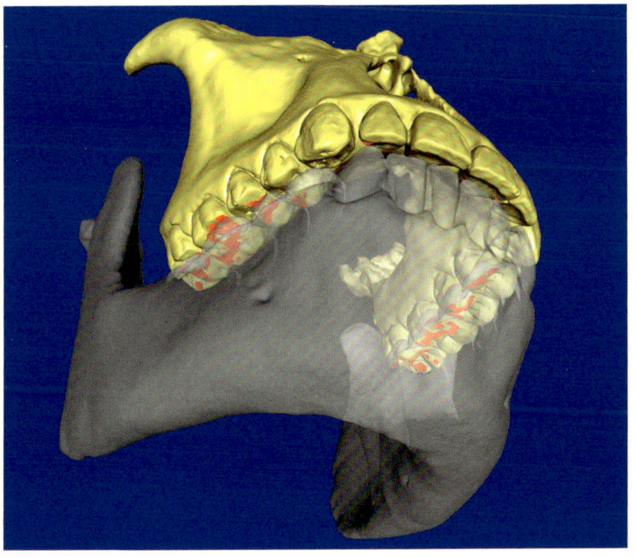

Computersimulation der Zahnkontakte von Hominiden-Molaren (Australopithecus africanus aus Sterkfontein Südafrika; Katalog-Nummer Sts 52).

Hominiden-Sammlung des Gustav Heinrich Ralph von Koenigswald aus Sangiran, Indonesien.

Originale aus unterschiedlichen Sammlungen zusammen vor sich auf einen Arbeitstisch legen. Schon die reine Anwesenheit der Originale aus fünf Weltregionen in der Ausstellung »Expanding Worlds« ist unerreicht.

Zwar beherbergt jede paläoanthropologische Sammlung bis heute neben eigenen Originalen immer auch eine Abgusssammlung, doch inzwischen nimmt deren Bedeutung immer mehr ab. Grund hierfür ist die rasante Verbreitung kostengünstiger digitaler und virtueller Methoden in der Paläoanthropologie seit Anfang dieses Jahrhunderts. Diese neuen Techniken revolutionieren die Möglichkeiten für wissenschaftliche Auswertungen in der Paläoanthropologie ebenso wie in anderen anatomisch-morphologischen Arbeitsgebieten.

Demokratisierung

Auch wenn viele der neuen digitalen Verfahren die Wissenschaft technisch und inhaltlich weit vorangebracht haben, so liegt ihr eigentliches Verdienst für die Paläoanthropologie aber nicht nur im technischen Fortschritt. Denn diese Verfahren sind ganz nebenbei auch ein ideales Vehikel zur Demokratisierung dieser von Kontrolle und Macht über die Originale beherrschten Wissenschaft. Es dürfte sich insgesamt sehr positiv auf die Innovationsfreudigkeit der Paläoanthropologie auswirken, wenn der Zugang zu den Hominidenarchiven in Zukunft weniger von der Machtausübung des Kurators, sondern mehr vom Interesse eines Forschers abhängt.

Auch die Weltöffentlichkeit wird von der Demokratisierung der Paläoanthropologie profitieren. Hominidenreste stammen, auch wenn sie als nationales Erbe heutiger Staaten deklariert werden, aus einer Epoche der Menschheitsgeschichte, in der es keine Nationalstaaten gab. Schon deshalb sind sie als Erbe der gesamten Menschheit anzusehen. Der Zugang zu Informationen zu diesem Erbe sollte daher der gesamten Menschheit offen stehen, im digitalen Zeitalter eine durchaus realistische Forderung.

Noch weitergehend wäre eine digitale Verknüpfung europäischer Museen mit Sammlungsbeständen aus ehemaligen Kolonien mit den Museen der Herkunftsländer dieser Sammlungen. Wenn schon Sammlungsbestände nicht repatriiert werden, würde dies den europäischen Besuchern einen aktuellen Kontext und den Besuchern in den Herkunftsländern einen medialen Zugang zu ihrer eigenen Geschichte ermöglichen. Umgekehrt wäre möglicherweise ein europäisches Museum zugänglicher für ein Repatriierungsgesuch, wäre das Original zumindest digital verfügbar. Schließlich wären weltweit virtuell verknüpfte Sammlungen zur Paläoanthropologie ein Symbol sowohl für das gemeinsame Erbe der Menschheit als auch für weltweiten freien Zugang zu diesem Erbe.

Auf verlorenem Posten

Neben der Entstehung des aufrechten Ganges vor mehr als 6 Millionen Jahren ist der Beginn der Abkoppelung aus direkten Umweltabhängigkeiten durch eine sich allmählich entwickelnde Werkzeugkultur vor ca. 2,5 Millionen Jahren das wichtigste Ereignis in der Geschichte der Menschwerdung. Die Kontinuität der Benutzung von Werkzeugen, angefangen mit den ersten Steinwerkzeugen vor 2,5 Millionen Jahren bis hin zu hoch differenzierten Kommunikationssystemen, Computern, Autos und Mobiliar, ist bis heute das verbindende Element der Evolution des modernen Menschen. Doch ist es das wirklich?

Die so genannten »Länder des Südens«, allen voran der Kontinent, auf dem einst die Wiege der Menschheit stand, nehmen an der zunehmenden Technisierung der Welt des modernen Menschen schon lange nicht mehr teil. Wir, in unserer Welt des Wissens, mit Zugang zu den Wohlstandsinformationsquellen wie Internet und Fernsehen, gehen heute davon aus, dass dieses für die Menschheit so wichtige Wissen um den eigenen Ursprung, teilbar ist. Teilbar mit allen Nachkommen des ersten Vorausschauers – Homo rudolfensis. Doch in Afrika, dem Ausgangspunkt der Vor-, Ur- und modernen Menschen ist es schlecht bestellt um beides – den Fortschritt durch die Erfindungen des Menschen und das Wissen um seine genuine Herkunft.

Zugang zu reinem Trinkwasser ist Luxus; Medikation gegen Malaria rar und der Zugang zu freier Bildung beschränkt. Das ist Afrika. Afrika, die Wiege der Menschheit, unser aller Ursprung. Das ursprüngliche Afrika, jenseits von Hotels um den Tafelberg, die Serengeti oder den Kilimanjaro bedeutet Konfrontation mit der Gegenwart. Schulen ohne Dächer, Unterricht unter Bäumen, HIV/AIDS, Waisenkinder, verschmutztes Trinkwasser, Unterernährung und wenig Nationalstolz.

Kultur- und Museumszentrum in Karonga

Als Projekt im Herzen Afrikas versucht deshalb die Uraha Foundation Germany, benannt nach dem Fundort eines der ältesten Urmenschen-Fossilien in Malawi, Wissen dort zu vermitteln, wo es mit unserer Geschichte angefangen hat. Die nördliche Peripherie Malawis, einem der Zentren des Sklavenhandels geriet nach dem Beginn der Missionierung durch Schotten, Iren und Engländern um 1890 in Vergessenheit. Wenig bevölkert und gerade deshalb reich an Ressourcen und gut gebildeten Menschen verlor der Norden an Einfluss im politischen System des »Lifepresidents« Hastings Kamuzu Bandas. Entwicklung fand in der neu gegründeten Hauptstadt Lilongwe in der Zentralregion des Landes statt, oder, wie zu Zeiten des Kolo-

Blick auf das Cultural and Museum Center Karonga.

Innenansicht des Cultural and Museum Center Karonga.

nialregimes, im Süden des Landes. Was lag da näher, als das dort »ergrabene« Wissen um den Ursprung der Gattung Mensch auch dort begreifbar zu machen, wo einst eine der Wiegen der Menschheit stand

Gerade der Norden Malawis wies Schätze auf, die es sonst nirgendwo im ehemaligen Nyasaland gab: Fossilien. Bereits 1924 beschrieb der Engländer John Dixey große säugetierartige Knochen, die sich 60 Jahre später als Dinosaurierknochen entpuppten. Internationale Forschungsprojekte »ergruben« dieses Wissen, ergatterten die Fossilien, erforschten sie und stellten sie zur Schau. Das Ende der 1990er Jahre in Karonga gefundene Skelett des imposanten Malawisaurus wurde bis Ende 2004 nicht im Fundland Malawi zur Schau gestellt, geschweige denn das Wissen um Dinosaurier oder Urmenschen in Malawi zugänglich gemacht.

Um in einem Land, das 30 Jahre diktatorisch regiert wurde, Wissen zu schaffen, eine kulturelle und historische Identität aufzubauen hatte sich die Uraha Foundation Malawi & Germany gegründet um mit der Entstehung eines Kultur- und Museumszentrums in Karonga ein Zeichen zu setzen für Bildung, Fortschritt und Wissen um Traditionen. 240 Millionen Jahre Erdgeschichte zum Anfassen: »From Dinosaurs to Democracy«. Demokratisierung von Wissen in einem Land, in dem die Wiege der Menschheit stand.

Achtzig Jahre nach der wissenschaftlichen Etablierung Afrikas als Wiege der Menschheit bietet dieses Zentrum in Karonga nun die Chance zum Anfassen, Erkunden und Hinterfragen der eigenen Natur- und Kulturgeschichte. Unsere Wissenschaft, die Paläoanthropologie, die mit der Entdeckung des Neandertalers vor fast 150 Jahren in Anfang nahm, wirkt auf die Gesellschaft zurück. Sie ermöglicht Demokratisierung von Wissen in einem Land, in dem eine der Wiegen der Menschheit stand.

Abschottung

Somit steht der Titel der Ausstellung »Expanding Worlds« für weit mehr als die Ausbreitung früher Menschen aus Afrika über die gesamte Welt: Die Expansion biologischer und kultureller Kapazitäten früher Menschen sind damit ebenso angesprochen, wie die Erweiterung und die damit verbundenen Veränderungen unserer wissenschaftlichen, kulturellen und gesellschaftlichen Weltbilder.

Die beabsichtigte Abschottung offenbart, dass der Eurozentrismus letztendlich nie abgelegt wurde. Die riesigen Gebiete der Kolonialmächte wurden vom 16. bis Mitte des 20. Jahrhunderts hemmungslos ausgeplündert und entschieden über die Dominanz westlicher Staaten – und dabei begann die Aufteilung des Großteils Afrikas unter den Europäern erst 1884/85 auf der Berliner Afrika-Konferenz. Heute wird die Macht zum einen über die Finanzkraft weniger westlicher Firmen und Oligarchen und zum anderen über Börsenspekulanten geregelt, die unsere Rohstoffpreise bestimmen und so zu Gebietern über den weltweiten Hunger werden.

Die gegenwärtige Abschottung von Wohlstandsregionen verhindert allerdings weitere erfolgreiche Expansionen: Es ist der bewusste Versuch, einheitliche zukünftige Lebensbedingungen für Homo sapiens zu verhindern. Dies wird langfristig – über viele Generationen gedacht – nicht erfolgreich sein, da nur eine globale kulturelle Vernetzung das Überleben der modernen Menschen sichern kann. Dies hat unsere lange Geschichte immer wieder gezeigt.

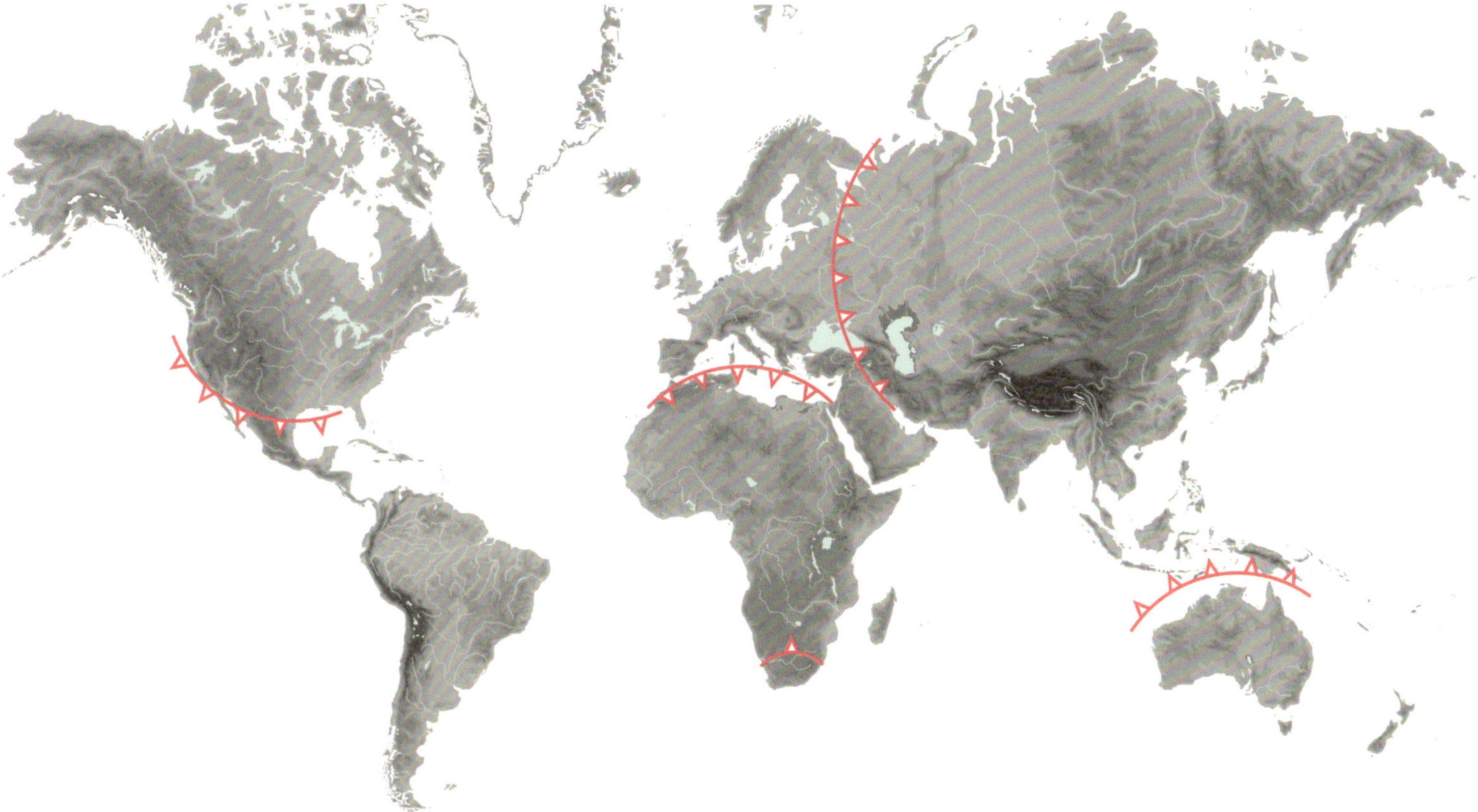

Künstliche Grenzen – Abschottung von Wohlstandsregionen.

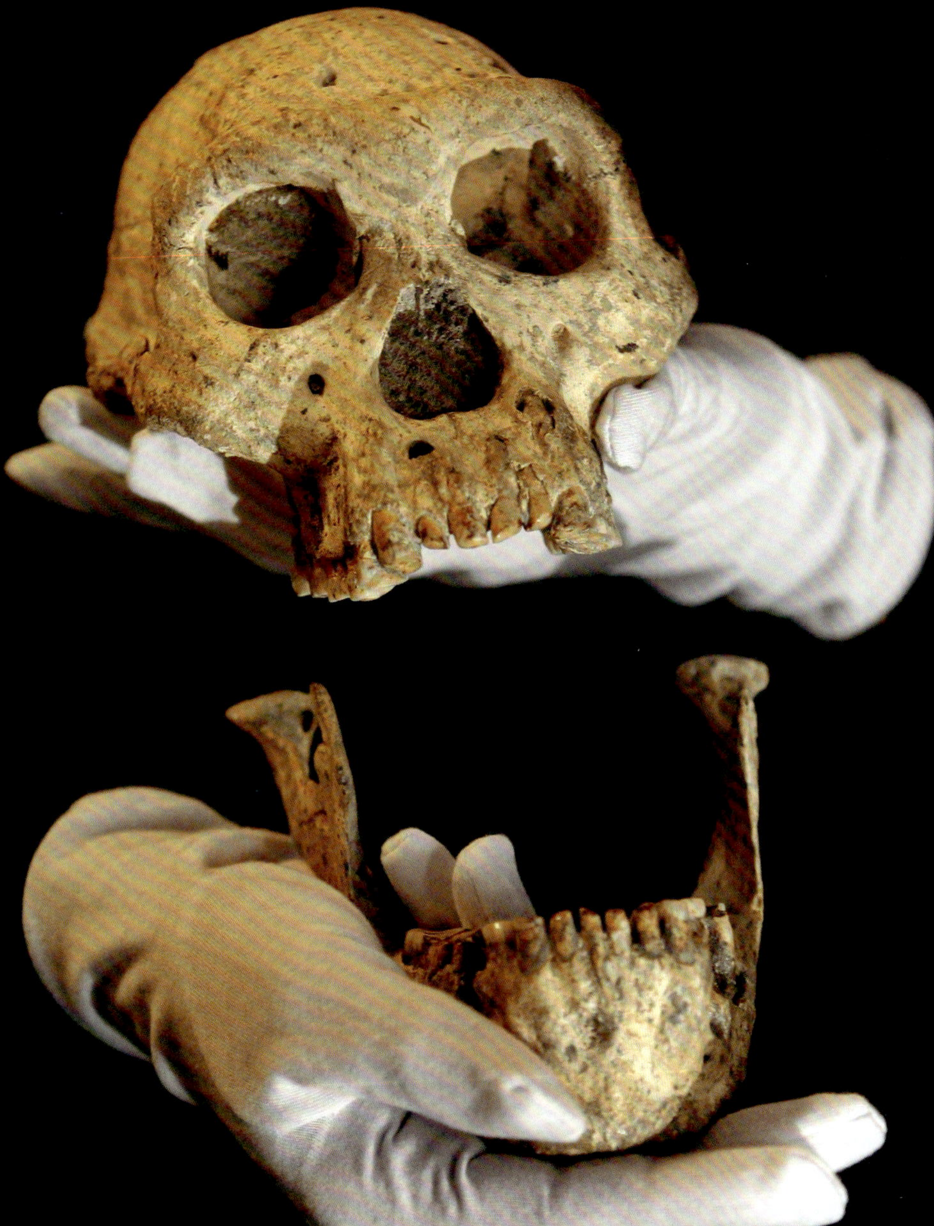

David Lordkipanidze

Die ersten Europäer – die Fundstelle Dmanisi

Einführung

Der Zeitraum zwischen 2,3 und 1,8 Millionen Jahren ist für die Evolution der Menschen sehr entscheidend, da in dieser Zeit die Gattung Homo entstand und sich über die Alte Welt verbreitete. Wichtige Fragen hierbei sind, warum die Homininen aus Afrika auswanderten und wer die ersten Siedler auf dem eurasischen Kontinent waren.

Lange Zeit dachten die Forscher, dass die ersten »Out of Africa«-Migranten zu Homo erectus gehörten, einer Spezies mit großen Gehirnen und einer Statur mit annähernd menschlichen Dimensionen. Es wurde allgemein angenommen, dass diese Art in die Welt hinaustrat, nachdem sie größere Intelligenz entwickelt, Körperproportionen moderner Menschen angenommen und fortgeschrittene Steinwerkzeuge erfunden hatte.

Ausgrabungen an der aufsehenerregenden paläoanthropologischen Fundstelle Dmanisi in Georgien schufen neues Wissen über die Anfänge der Evolution des frühen Homo. Im Laufe des letzten Jahrzehnts lieferte die Fundstelle einzigartige 1,8 Millionen Jahre alte hominine Fossilien.

Nur wenige paläoanthropologische Forschungsprojekte hatten einen so großen Einfluss auf unsere Ideen zur Evolution der Menschen. Die Funde dokumentierten die ersten Expansionen der Homininen von Afrika nach Eurasien und zeigten, dass dies weder mit erhöhter Gehirngröße noch mit verbesserter Steinwerkzeugtechnik zu tun hatte. Die wissenschaftlichen Arbeiten in Dmanisi änderten viele frühere Hypothesen zu Homininen-Phylogenie, Paläoökologie und Biogeographie. Die Forschung präsentierte neue Beweise zur Evolutionsbiologie des frühen Homo und lieferte Belege für eine einheitliche Entwicklung der Gattung Homo in Afrika.

Fundstelle und Entdeckungsgeschichte

Der Ort Dmanisi liegt etwa 85 Kilometer südwestlich der georgischen Hauptstadt Tiflis. Im Mittelalter war Dmanisi eine der bekanntesten Städte und eine wichtige Station entlang der alten Seidenstraße. Archäologen, die seit den 1930er Jahren die bröckelnden Ruinen einer mittelalterlichen Festung ausgruben, faszinierte die Region daher schon lange.

Der erste Hinweis, dass die Fundstelle eine noch andere Bedeutung haben könnte, kam 1983, als der georgische Paläontologe Abesalom Vekua die Überreste einer längst ausgestorbenen Nashornart in einem der Getreidevorratsgruben entdeckte. Die von den früheren Bewohnern der Zitadelle gegrabenen Löcher öffneten offenbar ein Fenster in die Vorgeschichte.

Blick auf die Fundstelle Dmanisi, im Hintergrund liegen Basilika und mittelalterliche Festung.

Ausgrabungsstätte in Dmanisi.

Im Folgejahr kamen während paläontologischer Ausgrabungen primitive Steinwerkzeuge zum Vorschein und mit ihnen die verlockende Möglichkeit, dass irgendwann versteinerte menschliche Überreste folgen könnten.

Im Jahr 1991 wurde das erste internationale Grabungsprojekt durch ein Team des Römisch-Germanischen Zentralmuseums in Mainz organisiert. Am letzten Tag dieser Geländesaison, dem 24. September 1991, wurde unter dem Skelett einer Säbelzahnkatze schließlich ein menschlicher Unterkiefer entdeckt. Die Ergebnisse der Kieferstudie provozierten Diskussionen in der Wissenschaftswelt, und viele Experten waren bezüglich des Alters und der Einordnung des Dmanisi-Homininen skeptisch. Zur weltweiten Anerkennung der Dmanisi-Fossilien führte dann der Fund zweier menschlicher Schädel im Jahr 1999. Seit dieser Zeit erbrachte die Fundstelle die reichste Sammlung des frühen Homo von einem einzigen Ort – zusammen mit vielen Steinwerkzeugen und Tausenden von Tierknochen.

Datierung und Geologie der Fundstelle

Georgien ist reich an paläontologischen und archäologischen Stätten aus der Steinzeit. Die heutigen Niederschläge, die Saisonalität und Lebensraumeigenschaften in Georgien variieren stark mit der Höhe und der geographischen Lage. Ostgeorgien neigt dazu, trockener zu sein und ein kontinentales Klima aufzuweisen, während in Westgeorgien ein mediterranes Klima vorherrscht.

Die Fundstelle Dmanisi liegt in der Kvemo-Kartli-Provinz auf einer Höhe von 915 Metern. Das topographische

Ausgrabungen in Dmanisi.

Relief aus Hügeln und Tälern in der Region um Dmanisi war einem Mosaik verschiedener Lebensräume sehr zuträglich. Die Fauna zeigt, dass es bewaldete und offene Areale gab.

Dmanisi ist eine Freilandfundstelle auf einem Felsvorsprung über dem Zusammenfluss der Flüsse Pinazauri und Mashavera. Diese Flüsse haben sich seit dem frühen Pleistozän bis 100 Meter tief in einen Basalt gegraben, so dass die Fundstelle heute hoch über ihnen liegt. Die Fossilien stammen aus Schichten unmittelbar über einer mächtigen Lage Vulkangestein, die radiometrisch auf 1,85 Millionen Jahre datiert ist. Die frischen, unverwitterten Konturen dieses Basaltes zeigen, dass nur wenig Zeit verging, bevor ihn die fossilführenden Sedimente bedeckten. Paläomagnetische Analysen der Sedimente lassen den Schluss zu, dass sie sich vor ca. 1,77 Millionen Jahren ablagerten, als sich die magnetische Polarität der Erde in der sogenannten Matuyama-Epoche befand.

Die altsteinzeitliche Fundstelle bildete sich nahe eines Sees, der entstand, nachdem ein Lavastrom einen der Dmanisi-Flüsse blockiert hatte. Heute liegen die Dmanisi-Knochenablagerungen über einem fast unverwitterten Basalt und sind über eine Fläche von rund 50 000 Quadratmetern verteilt. Bis heute sind weniger als 10 Prozent der Fundstelle erforscht. Die fossilführenden Ablagerungen sind bis zu vier Meter mächtig und werden von den Überresten einer mittelalterlichen Stadt bedeckt.

Über dem Basalt, der aus dem Olduvai-Zeitabschnitt stammt, gibt es die Schichten A und B. In der stratigraphischen Abfolge sind auf dem Felsvorsprung mehrere Profile mit Sedimenten und vulkanische Aschen sichtbar.

Zwischen den Schichten A und B liegt eine harte Kruste aus Grundwasser-Karbonaten. Diese Kruste enthält auch fossilisierte Fauna und Steinwerkzeuge. Sie bedeckt die gesamte Fläche der Fundstelle, kann die gute Konservierung der Knochen erklären und schließt jegliche Verschiebung von Knochen oder Steinwerkzeugen aus höheren Schichten aus.

Paläoumwelt

Neben den Homininen bestehen die fossilen Wirbeltiere in Dmanisi aus Amphibien (eine Art), Reptilien (drei Arten), Vögeln (drei Arten) und Säugetieren (38 Arten).

Alle Großsäugetiere, die mit Homo in Dmanisi koexistierten, sind entweder rein eurasische Arten oder solche, die aus Afrika eingewandert waren, lange bevor Homo Eurasien erreichte. Es gibt keinen Beweis dafür, dass Säugetiere erst zum Zeitpunkt der Homininen-Besiedlung aus Afrika einwanderten, auch wenn einige der Fleischfresser eine weite Verbreitung über Afrika und Eurasien hatten. Es gibt, in Übereinstimmung mit den sedimen-

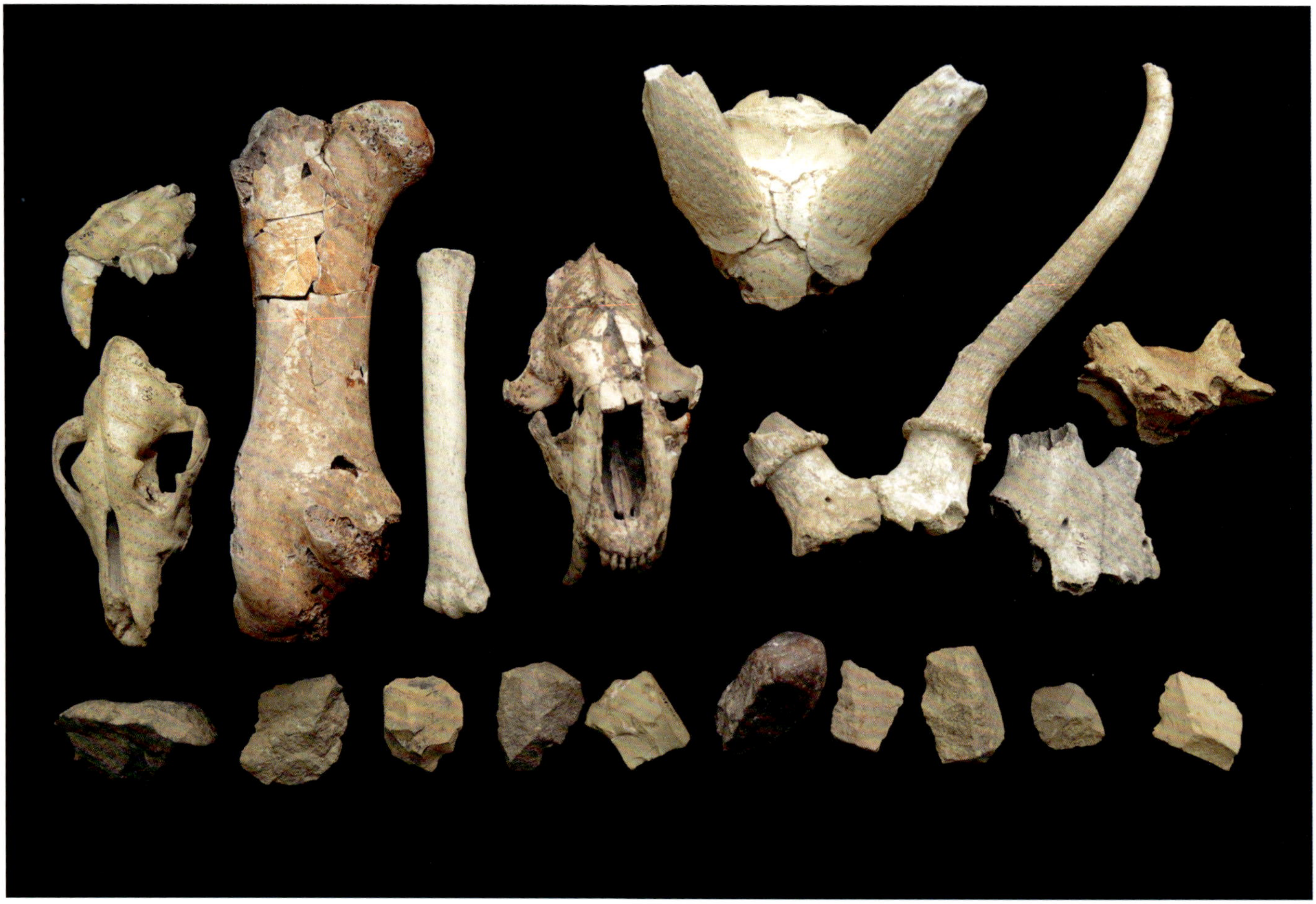

Wirbeltierfossilien und Steinwerkzeuge aus Dmanisi.

tären Prozessen an der Fundstelle, keine im Wasser lebenden Tiere. Wichtige Arten, die für nahezu alle afrikanischen frühen Homininen-Fundstellen typisch sind, sind in Dmanisi nicht vorhanden: Krokodile oder Flusspferde, Affen und Schweine; letztere sind an afrikanischen Homininen-Lokalitäten fast immer überliefert.

Unter den Kleinsäugetieren dominieren Rennmäuse, die auf warme Steppe-Bedingungen in der unmittelbaren Umgebung von Dmanisi während der Ablagerung der B-Sedimente hinweisen. Wenige Wühlmäuse deuten auf das Vorhandensein von Waldflächen hin. Alle aus Dmanisi bekannten Großsäuger sind auch in Schicht B vertreten. Ihre Zusammensetzung lässt Rückschlüsse auf ein großflächiges Mosaik zu: Wald und Galeriewälder, Buschland, Baumsavannen, offenes Grasland und halbwüstenähnliche Felslandschaften mit Strauchvegetation.

Folgt man den Knochenansammlungen, dominierten in den Waldlandschaften Hirschartige; sie stellten 37 % der Tiere. Die großen Pflanzenfresser Südelefant und Steppennashorn sowie eine primitive Giraffe, Bewohner der offenen Wälder und Baumsavannen, machen 9 % aus. Bewohner des offenen Graslandes sind Pferde (16 %) und Gazellen sowie deren Verwandte (2 %).

Fleischfresser sind reich vertreten. Sie lebten im Waldland (Jaguar, Säbelzahnkatze oder Luchs), in der Trockensavanne, Steppe, im dichten Busch, in Halbwüsten (Gepard und Hyäne) oder existierten in Gestalt überall verbreiteter – ubiquitärer – Arten (Hund, hochbeinige Säbelzahnkatze oder Bär). Koprolithen (fossiler Kot) großer Fleischfresser zeigen, dass diese Super-Räuberdirekt vor Ort lebten.

Großsäugetiere-Funde weisen eindeutig auf Waldlandschaften um Dmanisi hin. Darüber hinaus spiegelt das Verhältnis von Großsäugetieren, die in Waldlandschaften lebten, und Kleinsäugetieren, die in offenem Grasland lebten, die Beute-Präferenzen der verschiedenen Fleischfresser wider.

Paläobotanische Belege aus Phytolithen (griech. Pflanzen-Steine) und Früchten stehen in Übereinstimmung mit den Umweltsignalen der Kleinsäugetiere, während Pollen eine breite Vielfalt an Lebensräumen unterstreichen.

Diese Lebensgemeinschaft bildete mit den angrenzenden Wald-Steppe-Gemeinschaften einen Übergangsbereich zwischen zwei Ökosystemen (= ein Ökoton), der reich an Tier- und Pflanzenressourcen war. Dmanisi liegt in einem Bereich bioklimatischer Vielfalt, die im westlichen Eurasien einzigartig ist. Diese ökologische Vielfalt wird durch ein extremes regionales Relief – vom Meeresspiegel bis auf über 6000 m Höhe –, einen starken Klima-Gradienten und stark schwankende Wasserspiegel von Schwarzem- und Kaspischem Meer gesteuert.

Archäologie

Dmanisi hat eine komplexe archäologische Geschichte. Zahlreiche Wiederbesiedlungsepisoden sind dokumentiert, was durch stratigraphische und räumliche Konzentrationen von Artefakten und Tierresten über die gesamte Fundstelle bestätigt wird. Es wurden mehr als 10 000 Steinwerkzeuge entdeckt. Während der Großteil der Werkzeuge aus Steinabschlägen besteht, wurden auch Steinkerne und Hackbeile gefunden. Der Rohstoff für Steinartefakte kommt aus den nahen Flüssen.

Vor der Entdeckung Dmanisis glaubten die Experten, dass Afrika nicht verlassen wurde, bevor unsere Vorfahren eine fortschrittliche Technologie wie beispielsweise die Steinwerkzeugekultur des Acheuléen entwickelt hatten, in deren Rahmen Werkzeuge symmetrisch geformt, hergestellt und standardisiert wurden. Die Werkzeuge in Dmanisi bestehen jedoch aus einfachen Abschlägen und Hackbeilen der primitiven Oldowan-Kultur, wie sie von afrikanischen Homininen schon annähernd eine Million Jahre zuvor benutzt wurden.

Größere Mengen unbearbeiteter Steine weisen darauf hin, dass diese nicht nur zur Abschlagsproduktion oder Fleischverarbeitung verwendet wurden: Es besteht die Möglichkeit, dass sie auch geworfen wurden, um Raubtiere zu verjagen.

Homininen

In Dmanisi wurden bislang Überrerte mehrerer Homininen gefunden: fünf Schädel, davon vier mit Oberkiefer, mehrere Unterkiefer und ca. 100 Skelettknochen. Dies ist die vielfältigste und vollständigste Sammlung des frühen Homo überhaupt. Die Dmanisi-Fossilien haben unterschiedliche individuelle Alter – jugendlich, erwachsen, alt – und offenbaren einen

Schädel D-4500 (= Schädel 5).

Schädel D-4500 bei seiner Entdeckung im Jahr 2005.

Geschlechtsdimorphismus – d. h. Unterschiede zwischen männlichen und weiblichen Individuen.

Trotz der anatomischen Unterschiede zwischen den Individuen, gibt es nicht genug Gründe, die Homininen mehr als einer Art zuzuordnen. Somit eröffnet diese Fundstelle die einzigartige Gelegenheit, die Variabilität innerhalb einer frühen Homo-Population zu studieren.

Schädel

Schädel 5 ist in vielerlei Hinsicht ein außergewöhnlicher Fund. Es handelt sich um den vollständigsten Schädel eines erwachsenen fossilen Homo-Individuums überhaupt. Das Fossil ist perfekt erhalten und weist keine Verformungen oder Fragmentierung auf, wie sie während der Versteinerung häufig auftritt. Der Unterkiefer des Schädels (D2600) wurde im Jahr 2000 gefunden. Der Schädel (D4500) wurde fünf Jahre später gefunden, keine zwei Meter vom Unterkiefer entfernt.

Schädel 5 weist eine überraschende Kombination von Merkmalen auf: Er hat eine kleine Hirnschale mit einem Volumen von nur 546 ccm, etwa einem Drittel eines modernen Menschen. Er besitzt ein großes hervorstehendes Gesicht mit massiven Kiefern, großen Zähnen und dicken Überaugenwülsten. Dies ist eine Kombination von Merkmalen, wie sie zuvor bei frühem Homo nicht bekannt war. Schädel 5 liefert somit signifkante neue Informationen darüber, wie der Schädel des erwachsenen frühen Homo aussah.

Schädel 5 zeigt, dass bei erwachsenen frühen Homo-Individuen die Gesichter größer, die Gehirne jedoch kleiner als erwartet waren. Alle gefundenen Schädel haben eine sehr geringe Schädelkapazität, die zum Teil im Bereich von Australopithecus liegt. Ein kleinerer liegt mit 600 ccm in der Nähe des Mittelwerts für Homo habilis. Der größte Schädel weist rund 750 ccm auf. Zum Vergleich: moderne Menschen haben Hirnschädel von ca. 1400 ccm.

Diese Individuen zeigen charakteristische Homo erectus-Merkmale, wie einen Knochenkamm entlang der Mittellinie des Schädels, auch als sagittaler Kiel bekannt, und eine Verengung des Schädels hinter den Augen. Aber sie unterscheiden sich von der klassischen Morphologie dieses Homininen, etwa in Bezug auf die geringe Gehirngröße. Schädel D2700 ist der eines Teenagers, ist besonders ursprünglich und ähnelt Homo habilis nicht nur in der Größe, sondern auch in der Knochendünne der Stirn, dem vorstehenden Gesicht und der abgerundeten Kontur auf der Rückseite des Schädels. Einige Forscher schlagen vor, diese Fossilien einer neuen Homo-Spezies zuzuordnen. Andere nehmen an, dass die Überreste zu mehr als einer Art gehören und weisen auf den enormen Unterkiefer D2600 hin, der im Jahr 2000 ausgegraben wurde.

Experten diskutieren heftig darüber, aus wie vielen Arten unsere Gattung Homo besteht. Die Fossilien von Dmanisi als Homo habilis, Homo erectus, Homo ergaster oder Homo georgicus zu kategorisieren, ist mit dem Szenario einstiger Homininen-Vielfalt vereinbar. Alternativ könnten diese Fossilien aber auch nur unterstreichen, wie variabel eine einzige Art sein kann.

Die Dmanisi-Homininen sind Nachfahren des afrikanischen frühen Homo und Ahnen von Homo in Eurasien.

Skelettknochen

Die Bewegungsbiomechanik der Dmanisi-Homininen ähnelte der des modernen Menschen. Die relative Länge und die Morphologie der Beine sind im Wesentlichen modern. Allerdings sind die Dmanisi-Beine nicht so fortschrittlich, wie die späterer Homininen. Sie teilen morphologische und funktionelle Ähnlichkeiten eher mit Homo habilis als mit Homo ergaster. Dies deutet darauf hin, dass die ersten Homininen-Arten, die Afrika verließen, nicht die gesamte Palette der modernen Bewegungsmerkmale besaßen, die bei afrikanischem Homo ergaster und späteren Homininen typisch sind.

In vielerlei Hinsicht ähneln die fossilen Skelette aus Dmanisi dem modernen Menschen und dem Turkana-Boy, einem gut erhaltenen, etwa 1,6 Mio. Jahre alten, Homo ergaster-Skelett vom Westufer des Turkana-Sees in Kenia. Statur und Gewicht sind in Dmanisi allerdings kleiner als beim Turkana-Boy. Der große Erwachsene hätte 48–50 kg gewogen und war 147–155 cm groß, der kleine Erwachsene war rund 40 kg schwer

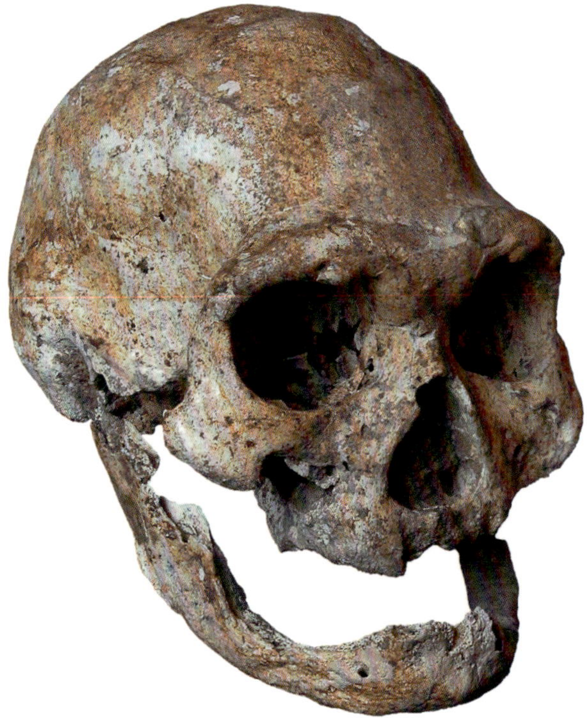

Zahnloser Schädel D-3444.

und 143 cm groß, der Halbwüchsige war 40–43 kg schwer und 145 bis 155 cm groß.

Wir wissen wenig über das Verhalten der frühen Homininen, da unsere Beweise hauptsächlich von Steinwerkzeugen stammen. Das zweite erwachsene Individuum aus Dmanisi hatte zu Lebzeiten alle Zähne verloren, und seine Kieferknochen waren zum Zeitpunkt des Todes bereits stark abgebaut. Der zahnlose Schädel zeigt nicht nur den frühesten Fall von schwerer Kauapparat-Beeinträchtigung bei Homininen, sondern wirft auch Fragen zu den Überlebensstrategien beim frühen Homo auf. Die Entdeckung eines zahnlosen Homininen in Dmanisi zeigt, dass dieses Individuum eine lange Zeit überlebte, ohne feste Nahrung zu sich zu nehmen, was starkes Kauen erfordert hätte. Es ist klar, dass er oder sie nicht

Dmanisi-Hominidenrekonstruktionen mit der Künstlerin Elisabeth Daynes und Generaldirektor David Lordkipanidze.

in der Lage gewesen wäre, dies ohne fremde Hilfe zu tun, was darauf hindeutet, dass die Gruppenmitglieder ihre Nahrung mit dem zahnlosen Homininen teilten.

Es ist es denkbar, dass dies eine der frühesten Spuren des Mitgefühls in der Geschichte der Menschheit darstellt. Vielleicht war dies das erste Anzeichen eines wirklich menschlichen Verhaltens bei einem unserer Vorfahren.

Fazit

Dmanisi ist reich an Artefakten aus dem Mittelalter und der Bronzezeit, aber es ist die Fülle paläolithischer Funde, die Dmanisi auf der wissenschaftlichen Landkarte einen ganz besonderen Platz zuweist. An der Fundstelle werden noch heute Ausgrabungen durchgeführt, und die Forschung ist weiter im Gange. Es ist ein Ort, an dem Forscher arbeiten – und die Öffentlichkeit bei Ausgrabungen zusehen kann. Dmanisi stellt eine Momentaufnahme dar – gleich einer Zeitkapsel, die ein Ökosystem von vor 1,8 Mio. Jahren bewahrt.

In Dmanisi steckt ein großes Potenzial für Entdeckungen: Weitere 50 000 qm bewahren Fossilien und Steinwerkzeuge, die noch auf ihre Ausgrabung warten.

Reinhard Ziegler

Der Urmensch von Steinheim an der Murr

Rund ein Vierteljahrhundert nach Entdeckung des Homo heidelbergensis von Mauer im Jahr 1907 konnte man am 24. Juli 1933 einen weiteren bedeutenden Urmenschenfund, diesmal aus dem württembergischen Steinheim an der Murr, nördlich von Stuttgart, melden. Karl Sigrist fand in den Flussablagerungen der Kiesgrube seines Vaters einen ganzen Schädel. Die starken Überaugenwülste ließen ihn zunächst an einen Affenschädel denken. Fritz Berckhemer von der Württembergischen Naturaliensammlung in Stuttgart, dem Vorläufer des heutigen Naturkundemuseums, wurde herbeigerufen. Er erkannte sofort, dass der Schädel von einem Menschen stammt. Nicht von einem gewöhnlichen Menschen, sondern von einem Urmenschen. Der Schädel wurde vorsichtig freigelegt und in einem schützenden Gipsmantel geborgen und in die Naturaliensammlung gebracht.

Daten zum Schädel

Nachdem man den Schädel weitgehend frei präpariert hatte kamen außer den Beschädigungen im Gesicht und an der Vorderhälfte der linken Seite auch noch Defekte an der Schädelbasis zu Tage. Um das große Hinterhauptsloch, war ein großes, annähernd rundes Loch. Außerdem ist der Kiefer nach links gebogen, und mehrere Knochen sind gegeneinander verschoben. Der Schädel ist insgesamt grazil, und nur die Überaugenwülste kennzeichnen ihn auf den ersten Blick als Rest eines Urmenschen.

Das Hirnvolumen dürfte nicht viel mehr als 1100 ccm betragen haben. Die Grazilität insgesamt, die geringe Größe des Warzenfortsatzes, ein Knochenfortsatz hinter dem Ohr, Merkmale, die nicht allein als Primitivmerkmale gedeutet werden können, sprechen dafür, dass der Schädel von einer Frau stammt. Es ist aber generell schwierig das Geschlecht eines Menschen, insbesondere eines Urmenschen allein am Schädel zu bestimmen. Die Grazilität könnte auch ein Merkmal der Menschenform sein.

Nach dem Zustand des Gebisses – die Weisheitszähne waren vollkommen in der Kauebene, aber noch kaum abgekaut – liegt das Sterbealter wahrscheinlich über 20, sicher unter 35 Jahre. Ein Alter von rund 25 Jahre dürfte der Wirklichkeit recht nahe kommen. Die Schädelnähte, die beim Menschen in einer bestimmten Altersspanne verwachsen, sind aufgrund der angegriffenen Oberfläche nicht sicher zu beurteilen. Sie ergeben auch kein genaueres Alter.

Selbst wenn man für die Urmenschen dieser Zeit von einer deutlich geringeren Lebenserwartung als bei heutigen Menschen ausgehen muss, so sprechen 25 Jahre doch gegen einen natürlichen Tod des Menschen. Das geringe Sterbealter und die Beschädigungen am Schädel geben Anlass zu Spekulationen über dessen Schicksal.

Die Defekte am Schädel und deren mögliche Ursache

Die auffallenden Defekte, insbesondere an der linken Seite und an der Basis des Schädels, weckten von Anfang an großes Interesse. Wilhelm Gieseler unterschied in der 1974 erschienen »Fossilgeschichte des Menschen« »verschiedene Gewalteinwirkungen auf den Kopf des lebenden Steinheimers und Zerstörungen am Schädel des Toten, die wohl sicherlich von Menschenhand ausgeführt worden sind …«. Für ihn ist der Defekt an der Unterseite des Schädels durch Menschenhand erzeugt worden, und zwar nach dem Tode des Steinheimers, bei der Eröffnung der Schädelbasis. Die Ursachen der Defekte wurden lange kontrovers diskutiert. Manche teilten die Meinung von Gieseler. Andere dagegen, wie z. B. der Tübinger Anthropologe Alfred Czarnetzki, schließen anthropogene Einflüsse als Ursache für die Beschädigungen am Schädel aus biomechanischen Gründen aus.

Fundlage des Steinheimers.

Die Diskrepanzen bei den oft sehr weit gehenden aber unzureichend begründeten Interpretationen der Defekt- und Verletzungsspuren waren Anlass für eine Neuuntersuchung des Schädels durch Joachim Wahl, Anthropologe am Landesamt für Denkmalpflege, und Mitarbeiter. Dabei sollten die Befunde unter Berücksichtigung biomechanischer Aspekte erhoben und interpretiert werden. Nach diesen 2009 veröffentlichten Untersuchungen sind alle Defektspuren zwanglos auf natürliche Ursachen zurückzuführen. Es gibt keine überzeugenden Hinweise dafür, dass der Steinheimer Urmensch Opfer einer Gewalttat war.

Czarnetzki und Mitarbeiter berichteten 2003 über eine 36,7 x 26,7 mm große Einmuldung im Bereich des Scheitelbeins, die sie an einer neuen Computertomographie des Schädels auf dessen Innenseite identifizierten. Als Ursache für die Ausdünnung des Knochens nahmen sie ein Meningeom, einen gutartigen Tumor mit einem Volumen von 29 ml an. Angesichts der damals harschen Lebensbedingungen und der Tumorgröße bei relativ kleinen Gehirnvolumen von ca. 1100 ml könnte der Tumor nach Ansicht der Autoren beim Steinheimer Menschen zu dauerhaften Kopfschmerzen, schwerer halbseitiger Lähmung und schließlich zum Tod geführt haben.

Stammesgeschichtliche Einordnung des Steinheimers

Wie bei vielen Urmenschenfunden, wird auch die Stellung des Steinheimers im Stammbaum der Menschen kontrovers diskutiert.

Berckhemer, der den Steinheimer Urmenschenschädel in mehreren Arbeiten der Fachwelt und der Allgemeinheit vorstellte, gab ihm 1936 den Namen Homo steinheimensis. Er stellte primitive bzw. neandertaloide Merkmale, wie z.B. die geringe

Größe des Warzenfortsatzes und die kräftig ausgebildeten Überaugenwülste, jenen Merkmalen gegenüber, die deutlich auf den heutigen Menschen hinweisen: ganz wesentlich den einwärts gebogenen seitlichen Oberkieferrand, die Existenz einer Wangengrube, das Fehlen einer starken Abknickung und eines starken Wulstes am Hinterhauptsbein. Nach Berckhemers Einschätzung vertreten der Steinheimer Mensch und die Neandertaler offenbar verschiedene Äste der Menschheitsentwicklung, wobei der Steinheimer der Entwicklungslinie zum heutigen Menschen näher zu stehen scheint als die typischen Neandertaler. Er hielt eine Weiterentwicklung vom Steinheimer zum Neandertaler nicht für möglich. In dieser Einschätzung folgte ihm Wilhem Gieseler. Die Vermutungen über die stammesgeschichtliche Herkunft sind noch vager.

Schon früh gab es aber auch andere Vorstellungen über die stammesgeschichtliche Einordnung des Steinheimer Menschen. In einer 1936 vom Kieler Anthropologen Hans Weinert veröffentlichten Monographie über den Urmenschenschädel von Steinheim wird die Zuordnung zur Präneandertaler-Stufe favorisiert. Demnach repräsentiert die Steinheimerin eine Vor- oder Frühform des Neandertalerkreises.

Die stammesgeschichtliche Deutung von Merkmalen ist, gerade bei Urmenschen, außerordentlich schwierig und zu einem gewissen Grad auch subjektiv. Gerade die Einordnung der Vorfahren von Neandertalern, bei denen die kennzeichnenden Merkmale noch nicht alle oder nur schwach ausgebildet sind, gestaltet sich schwierig.

Jean-Jacques Hublin vom Max-Planck-Institut für evolutionäre Anthropologie in Leipzig betont die Ähnlichkeiten in der Hinterhauptsmorphologie zwischen dem Steinheimer und dem etwa gleich alten Fund von Swanscombe aus den Themse-Schot-

Steinheimer, Schädel von links und unten, Beschädigungen.

tern einerseits und den Neandertalern andererseits. Ein wichtiges Merkmal ist z. B. die Suprainion-Fossa, eine Grube über dem Inion, einem Messpunkt am Hinterhaupt. Sie ist für den Neandertaler charakteristisch und kommt bei Jetztmenschen nicht vor. Beim Steinheimer ist sie noch sehr schwach ausgebildet, zeigt aber schon die Entwicklungsrichtung zum Neandertaler an. Der Wangengrube im Gesichtsbereich wird heute angesichts der beträchtlichen Variabilität in dieser Region innerhalb der verschiedenen Stufen der Menschenevolution weniger Bedeutung für die Zuweisung zu einer Entwicklungslinie beigemessen. Die meisten Wissenschaftler halten heute den Steinheimer für einen frühen Vertreter der Neandertaler-Linie. In den letzten Jahrzehnten findet die »Präsapiens-Theorie«, wonach es in Europa auch einen zum Jetztmenschen führenden Entwicklungszweig gab, kaum noch Anhänger.

Allerdings kann man nicht von vornherein davon ausgehen, dass es in Europa nur Vorfahren des Neandertalers gab, weil sich dieser hier entwickelte. Wir kennen die grundlegenden Veränderungen in der Tierwelt durch die mehrmaligen Gletschervorstöße. Die warmzeitlichen Großsäuger überdauerten die Kaltzeiten in ihren südlichen Refugien. Von dort wurde Mitteleuropa in der folgenden Warmzeit auch wieder besiedelt. Diese wiederholten Vorstöße überlagern das Evolutionsgeschehen. Der Mensch gehörte zu den Wanderern, die in klimatisch begünstigten Regionen lebten. Es kann durchaus sein, dass auch ein Vorfahre des modernen Menschen schon vor rund 400 000 Jahren einen ersten Vorstoß nach Mitteleuropa unternahm, im weiteren Verlauf das Feld aber wieder den frühen Neandertalern überließ. Wir wissen überhaupt nicht wie oft Menschen von Afrika nach Europa kamen.

Wie alt ist der Steinheimer Urmensch?

Schon das Fundlager, 7,5 m unter der Geländeoberfläche und 9 m über der Grubensohle, sprach eindeutig dafür, dass es sich um einen ziemlich alten fossilen Menschenschädel handelt. Zirka einen Meter unter dem Fundlager des Menschen fand man zwei Backenzähne des Waldnashorns Stephanorhinus kirchbergenis, 1,20 m darüber einen Backenzahn eines Waldelefanten, Elephas antiquus. Dies zeigt eindeutig, dass der Mensch während einer Warmzeit in den Auen der Murr umherstreifte.

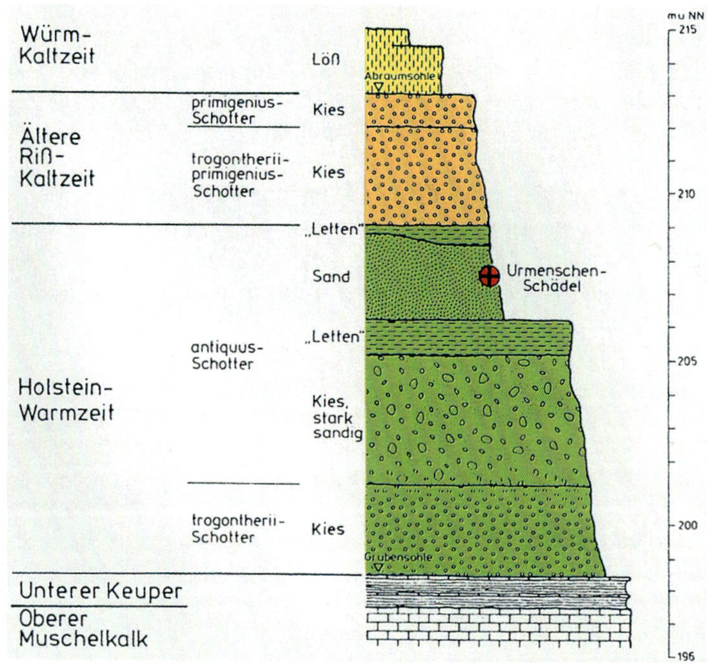

Profil im Südteil der Grube Sigrist mit Position der Urmenschenschädel.

Die warmzeitlichen antiquus-Schotter, benannt nach dem darin vorkommenden Elefanten Elephas antiquus sind überlagert von den sogenannten trogontherii-primigenius-Schottern der älteren Riss-Kaltzeit, und wurden in der Holstein-Warmzeit abgelagert. Ihr Alter wird heute allgemein mit zirka 400 000 Jahren angeben.

Die Begleitfauna des Steinheimer Urmenschen

In über 70 Jahren wurden ca. 3000 Knochen und Zähne in den Steinheimer Kiesgruben gesammelt. Die Masse der Funde wurde von Kiesgrubenarbeitern geborgen und von Mitarbeitern der Naturaliensammlung in Stuttgart abgeholt. Bei dieser Gelegenheit wurde regelmäßig das Fundlager der Stücke dokumentiert. Lediglich größere Funde, wie Schädel und Teilskelette wurden von Mitarbeitern des Museums fachmännisch geborgen und deren Lage und Fundumstände genau dokumentiert. Die Provenienz dieser Stücke damit ist gesichert.

Die nur zeitweise zugänglichen und abgebauten am tiefsten liegenden trogontherii-Schotter lieferten wenige, meist bruchstückhafte Funde von Steppenelefant (Mammuthus trogontherii), Waldnashorn (Stephanorhinus kirchbergensis), Mosbach-Wildpferd (Equus cf. mosbachensis), Rothirsch (Cervus elaphus) und Bison priscus, was auf Steppenverhältnisse in einem gemäßigten Klima hinweist.

Aus den überlagernden Schichten, den antiquus-Schottern, wurden folgende Arten geborgen: Biber (Castor fiber), eine kleine Form des Höhlenbären (Ursus spelaeus), Dachs (Meles meles), Wildschwein (Sus scrofa), Waldnashorn, Steppennashorn (Stephanorhinus hemitoechus), ein altertümliches Reh (Capreolus capreolus pricus), eine Unterart des Rothirsch (Cervus elaphus angulatus), Waldriesenhirsch (Megaloceros giganteus antecedens), Waldwisent (Bison cf. schoetensacki), Wasserbüffel (Bubalus murrensis), Auerochse (Bos primigenius) und Waldelefant (Elephas antiquus). Diese Faunenliste ist durch typisch warmzeitliche Tierarten wie Reh, Waldnashorn, Wasserbüffel und Waldelefant und durch das Fehlen kaltzeitlicher Tierarten wie Rentier, Fellnashorn und Mammut auf den ersten Blick als warmzeitlich zu erkennen. Homo steinheimensis lebte zur gleichen Zeit wie diese Tiere, also mit Sicherheit unter warmzeitlichen klimatischen Bedingungen.

Die Fauna der überlagernden trogontherii-primigenius-Schotter ist weniger artenreich und enthält die folgenden Arten: Wolf (Canis lupus), Höhlenbär, Fellnashorn (Coelodonta antiquitatis), Steinheim-Wildpferd (Equus steinheimensis), Rothirsch, Steppenriesenhirsch (Megaloceros giganteus ssp.), Steppenwisent (Bison priscus) und Steppenelefant (Mammuthus trogontherii fraasi). Fellnashorn und Steppenelefant weisen die Fauna als typisch kaltzeitlich aus. Die Mammutzähne sind für die altersmäßige Einordnung der trogontherii-primigenius-Schotter relevant. Ein 1910 geborgenes Skelett des Steinheimer Steppenelefanten Mammuthus trogontherii fraasi dokumentiert den Übergang vom frühmittelpleistozänen Mammuthus trogontherii, dem Steppenelefanten, zu Mammuthus primigenius, dem Mammut, das erstmals im obersten Teil der älteren Riss-Kaltzeit erscheint und in der letzten Eiszeit weit verbreitet war.

Die Fauna aus den primigenius-Schottern besteht nur aus einigen Funden von Mammut (Mammuthus primigenius) und von Fellnashorn und belegt damit ebenfalls kaltzeitliche Verhältnisse.

Aktuelle Forschungen am Steinheimer

Vom Steinheimer Schädel wurden seit 1981 mehrmals computertomographische Röntgenaufnahmen, zuletzt in sehr hoher Auflösung, angefertigt. Mit der Entwicklung immer leistungsfähigerer Computer wurde es möglich, die anfallenden enormen Datenmengen zu verarbeiten, die die neuen hochauflösenden Computertomographen produzieren. Die Aufnahmen gestatten einen Blick in das Innere des Schädels ohne ihn zu öffnen. Man kann auch genauere Maße nehmen.

Die Auswertung der Daten mit Hilfe neuer Spezialsoftware bietet aber noch eine Vielzahl anderer Möglichkeiten. Experten können am Bildschirm auch die dem Schädel noch

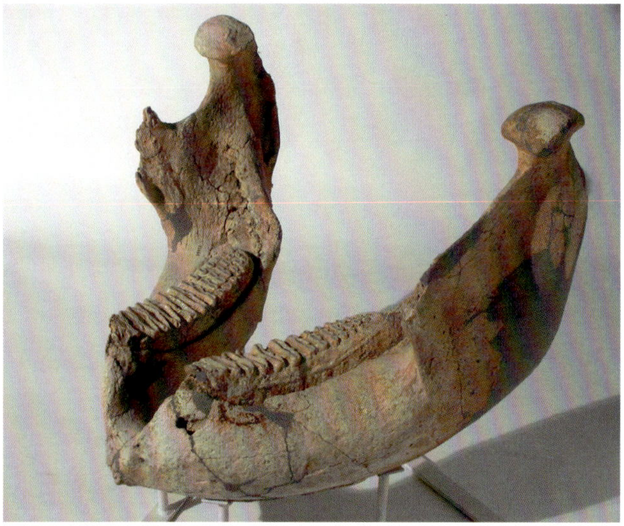

Waldelefant, Elephas antiquus, Unterkiefer mit den letzten Molaren beider Seiten.

Waldriesenhirsch, Schädel mit Geweih und Halswirbelsäule.

anhaftenden Sedimentreste mit Hilfe eines »virtuellen Meißels« entfernen und so noch verborgene Strukturen freilegen, ohne das Original zu gefährden. Eine mechanische Präparation des Steinheimer Schädels wäre nämlich zu riskant. Man kann den Schädel virtuell in viele Einzelteile zerlegen, fehlende Teile rechnerisch ergänzen, deformierte Knochen entzerren, und den Schädeln wie ein Puzzle wieder zusammensetzen. Man kann also aus den Daten nicht nur den Ist-Zustand, sondern auch den Originalzustand vor der Deformation rekonstruieren. Mit Hilfe der Stereolithographie lassen sich die im Computer virtuell erzeugten Fossilien in reale Objekte überführen. Die Stereolithographie stammt ursprünglich aus den Ingenieurswissenschaften, um aus computergenerierten Daten dreidimensionale Modelle zu bauen. Sie findet auch in der Medizin Anwendung zur maßgerechten Anfertigung von »menschlichen Ersatzteilen«, z.B. Hüftgelenken.

Philipp Gunz vom Max-Planck-Institut für evolutionäre Anthropologie in Leipzig hat mittels der CT-Daten vom Steinheimer dessen Zustand vor der Beschädigung rekonstruiert. Vergleichende metrische Analysen des rekonstruierten Schädels, sowie kleinster nur im CT Scan sichtbarer Details wie die Gestalt des knöchernen Innenohrs zeigen, dass es sich bei dem Steinheimer-Fossil um einen archaischen Frühmenschen handelt. Er zeigt morphologische Ähnlichkeiten zu verschiedenen afrikanischen Fossilien (Kabwe und Bodo) und zu europäischen Fossilien aus Atapuerca in Spanien, aus Arago in Frankreich und aus Petralona in Griechenland. Der Steinheimer-Schädel nimmt damit eine Schlüsselposition ein, und repräsentiert vermutlich eine menschliche Population Nahe am Ursprung der Linie der Neandertaler, in der aber viele der klassischen Merkmale der späteren Neandertaler noch nicht voll ausgeprägt waren.

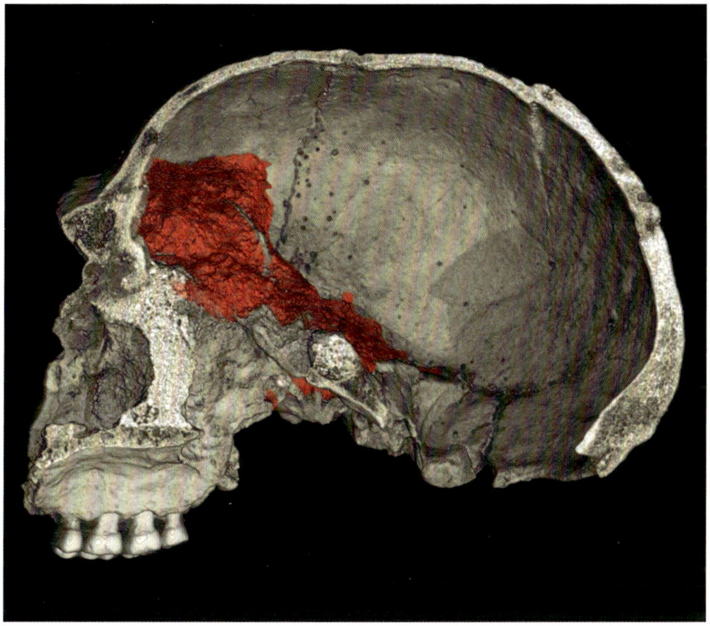

Virtueller Schnitt durch den Schädel mit den Sedimentresten im Gesichtsbereich.

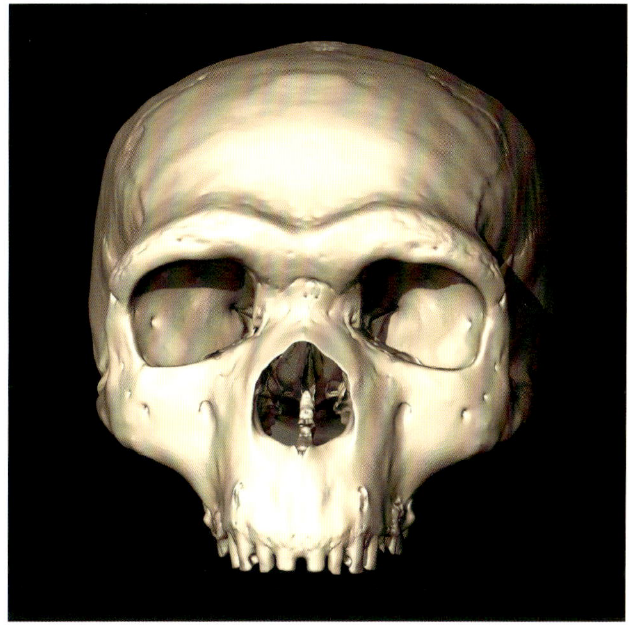

Virtuelle Rekonstruktion des Schädels.

Die Paläogenetik, die Untersuchung fossiler DNA, lieferte 1997 erstmals bei Urmenschen, und zwar beim rund 40 000 Jahre alten Neandertaler, Daten. 2013 wurde mit Hilfe neu entwickelter Techniken erstmals DNA beim rund 400 000 Jahre alten Homo heidelbergensis aus der Sima del los Huesos (Atapuerca, Spanien) gewonnen. Dies eröffnet auch neue Möglichkeiten für den Steinheimer. Falls man dort eines Tages ebenfalls DNA findet, kommt sein Neandertalererbe möglicherweise deutlicher zum Vorschein.

Ralf W. Schmitz

Der Neandertaler – eine Ikone der Urgeschichtsforschung

Das Neandertal liegt 13 km östlich von Düsseldorf im Bergischen Land. Hier hatte der Düsselbach im Verlaufe von Jahrzehntausenden eine enge Schlucht in den Kalkfels geschnitten und dabei ein bereits existierendes Höhlensystem geöffnet. In jeder dieser Höhlen hatten eiszeitliche Menschen ihre Siedlungsspuren hinterlassen, doch bis zur Mitte des 19. Jahrhunderts war diese Tatsache weitgehend unbekannt. Das Tal hieß zunächst »Gesteins« oder »Hundsklipp« und war wegen seiner pittoresken Schönheit überregional bekannt. Zeitgenossen verglichen es sogar mit der schweizerischen »Via Mala«. Zahlreiche Ausflugsgesellschaften aus dem Umland besuchten die wilde Naturschönheit, und den Arbeits-und Festausflügen der Düsseldorfer Malerschule verdanken wir Abbildungen aus der ersten Hälfte des 19. Jahrhunderts.

Die Höhle »Feldhofer Kirche« auf dem südlichen Düsselufer um 1830. Die unmittelbar benachbarte Fundgrotte des Neandertalers, die »Kleine Feldhofer Grotte«, läge rechts außerhalb des Bildausschnittes.

Ab der Mitte des Jahrhunderts bürgerte sich der heutige Name »Neanderthal« ein. Er geht auf den reformierten Prediger und Liederdichter Joachim Neander zurück, der im 17. Jahrhundert wiederholt die Abgeschiedenheit des Tales suchte. Leider brachte die industrielle Revolution den Abbau des Kalksteins in die Region und führte so ab etwa 1840 zu einer weitgehenden Zerstörung des Tals und seiner Höhlen. Im Sommer 1856 erreichte der Abbau zwei Höhlen auf dem südlichen Düsselufer, die »Feldhofer Kirche« und die »Kleine Feldhofer Grotte«. Während erstere im 19. Jahrhundert von der Talseite her erklommen

◂ Großzak-Kratzer.

Festgesellschaft in der größten Höhle des Tals, der »Neanderhöhle«, um 1826.

werden konnte, war die letztere durch Versturz des Einganges nicht begehbar. Der kleine, mit Lehm gefüllte Höhlenraum wurde erst sichtbar, als die Steinbrucharbeiter das Höhlendach abgebrochen und die Grotte so geöffnet hatten. Im weiteren Verlauf der Arbeiten entfernten sie den in Jahrzehntausenden gewachsenen Höhlenlehm, da er dem Kalbabbau als störender Abfall galt. Mit Spitzhacken lockerte man das Sediment, um es dann per Schaufel 20 Meter in das Tal hinab zu werfen. Die Arbeiter stießen in etwa 60 cm Tiefe auf Knochen, die sie aber nicht beachteten und wegwarfen. Darunter befand sich auch das Schädeldach des Neandertalers, heute eine Ikone der Urgeschichtsforschung. Eigentlich wäre die Geschichte des Neandertalers an dieser Stelle zu Ende gewesen, aber glücklicherweise kam gerade in jenem Moment einer der beiden Steinbruchbesitzer, Wilhelm Beckershoff, vorüber und wunderte sich über die heraus geschaufelten Knochen. Er befahl den Arbeitern, die Stücke einzusammeln, was allerdings nur unvollständig erfolgte. Man benachrichtigte den für seine naturwissenschaftlichen Studien bekannten Lehrer Johann Carl Fuhlrott aus Elberfeld, der das unvollständige Skelett des

Die Schädelkalotte im Detail.

vermeintlichen Höhlenbären als Geschenk erhielt. Er erkannte sofort, dass es sich nicht um das Skelett eines Bären, sondern um menschliche Überreste handelt. Die anatomische Abweichungen vom heutigen Menschen, wie etwa die kräftig ausgeprägten Knochenbögen über den Augen, erklärte er als Merkmale einer urtümlichen Menschenform.

Damit argumentierte er gegen die allgemeine Lehrmeinung, die eine Existenz fossiler Menschen nicht anerkannte. Unterstützung erhielt Fuhlrott durch den progressiv denkenden Bonner Anatomen Hermann Schaaffhausen, der sich intensiv mit Fragen der Evolution auseinandergesetzt hatte. Somit gab es ab 1856 eine Konstellation, wie sie zuvor noch nicht da gewesen war: Ein menschliches Skelett mit urtümlichen Merkmalen; die neue Evolutionstheorie Charles Darwins, die, basierend auf Vorläufern, im Jahr 1859 für Aufsehen und Entsetzen gleichermaßen sorgte, und zwei beherzte Wissenschaftler, die alle Möglichkeiten und Kontakte nutzen, um das Skelett aus dem Neandertal der wissenschaftlichen Welt vorzustellen. Der folgende, Jahrzehnte währende Wissenschaftsstreit ist legendär

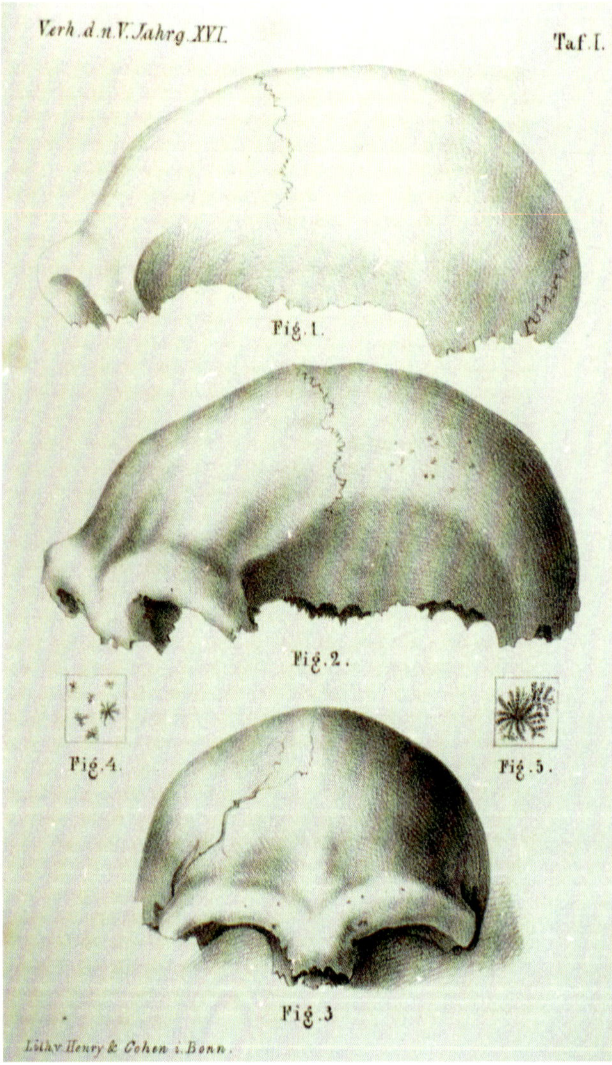

Schädelkalotte des Neandertalers aus der Publikation Fuhlrotts.

und sah ein buntes Spektrum an Deutungen des Fundes, die teils abenteuerlich anmuten, wie die Interpretation als sterbliche Überreste eines Kosaken aus den Napoleonischen Kriegen. Heute fällt es leicht, über derartige Ansichten zu schmunzeln, doch darf nicht vergessen werden, dass noch keine unserer Methoden zur Altersbestimmung erfunden war und das Skelett völlig isoliert, ohne jeden datierenden Begleitfund, dastand. Unter dem hefigen Druck der teilweise sehr polemisch geführten Diskussion gelingt Fuhlrott und Schaaffhausen jedoch ein akademischer Schachzug, der erheblich zu einer Versachlichung der Diskussion beitragen sollte: Sie laden den berühmten britischen Geologen Sir Charles Lyell 1860 in das Neandertal ein. Er besichtigt die weitgehend zerstörte Kleine Feldhofer Grotte, begutachtet das Original der Schädelkalotte und nimmt eine Kopie derselben sowie Fuhlrotts Publikation mit auf die Britischen Inseln. Hier gewinnt er zunächst den Zoologen Thomas Henry Huxley für eine faire Diskussion, beide geben dem Fund in ihren Richtung weisenden, jeweils 1863 erschienenen Büchern Raum. Schließlich ist es mit dem Geologen William King auch ein Brite, der 1864 mit der Benennung »Homo neanderthalensis« das Skelett zum Typusexemplar der ersten erkannten fossilen Menschenform erhebt. Während der Neanderthaler Fund vor dem Hintergrund der geschilderten Diskussion schnell Weltruhm erlangte, versank das alte, romantische Neandertal im Schutt der wachsenden Steinbrüche. So wusste bereits um 1900 niemand mehr um die exakte Position der zerstörten Fundgrotte oder des heraus geschaufelten Lehms. Nach dem Tode Fuhlrotts 1877 gelang es dem institutionellen Vorläufer des LVR-LandesMuseums Bonn, den Neandertaler zu erwerben und so einen Verkauf in das Ausland zu verhindern. Seither ist der Ur-Neandertaler von 1856, bestehend aus dem Schädeldach und 15 weiteren Knochen des Skelettes, als wichtigstes Fundobjekt des Landesmuseums im Original ausgestellt.

Keilmesser.

Fäustel.

Blattförmiger Schaber.

Seit 1991 steht der Fund im Zentrum eines wissenschaftlichen Forschungsprojektes, das sich mit vielen Fragen rund um den Mann aus der Kleinen Feldhofer Grotte beschäftigt. So wissen wir heute, dass er vor rund 42 000 Jahren lebte und ein Alter von etwas über 40 Jahren erreichte. In seiner Jugend hatte er sich den linken Arm gebrochen, was zu einer bleibenden Behinderung führte. Dennoch hat er diese schwere Verletzung um 20 Jahre überlebt, offensichtlich kompensierte seine Gruppe den Leistungsausfall und legte damit Zeugnis über die Menschlichkeit der Neandertaler ab, die wir auch an anderen Fundstellen schwer verletzter Neandertaler deutlich spüren können. Chemische Untersuchungen seiner Knochensubstanz im Vergleich mit den Knochen pflanzen- und fleischfressender Tiere belegen eine ganz überwiegende Fleischernährung dieses Neandertalers. Letztlich führte uns das Forschungsprojekt sogar bis in den Mikrokosmos der Gene und zurück in das Neandertal auf die Suche nach der verschollenen Fundstelle von 1856. Es ist merkwürdig, wie dicht sich manchmal Ereignisse drängen, die jedes für sich mehr Raum verdient gehabt hätten. So veröffentlichten wir im Juli 1997 in Kooperation mit dem führenden Paläogenetiker Svante Pääbo die ersten genetischen Analysen an einem Neandertaler, ausgeführt am Namen gebenden Fund. Zwei Monate später gelang Jürgen Thissen und mir nach mehrjährigen Recherchen die Wiederentdeckung der verschollenen Fundstelle im Neandertal. In dieser ersten Grabungskampagne und der Fortsetzung der Arbeiten im Jahr 2000 traten zahlreiche Funde aus den Höhlensedimenten der »Feldhofer Kirche« und der »Kleinen Feldhofer Grotte« zutage. In den Ablagerungen der erstgenannten Höhle hatten sich Funde aus dem Gravettien erhalten, einer Kultur des eiszeitlichen Menschen aus der Zeit vor rund 25 000 Jahren. Die Füllung der Kleinen Feldhofer Grotte enthielt alles, was in den Jahren nach der Entdeckung des Neandertalers so schmerzlich vermisst worden war: die ersten Steingeräte aus einer der Höhlen des Neandertals repräsentieren eine typische Kultur der Neandertaler, die als »Keilmessergruppen« bezeichnet wird.

Hinzu kommen Knochenreste erjagter Tiere, wie etwa Wildpferd, Wildrind, Mammut oder Rentier. Die mit Abstand bedeutendsten Funde aus diesen Grabungen sind jedoch rund 70 Knochen und Knochenfragmente von Neandertalern. Diese verteilen sich auf den robusten Neandertaler-Mann von 1856 und eine zuvor unbekannte, deutlich grazilere Neandertalerin, die durch einige Fragmente von Armknochen repräsentiert ist. Vom Namen gebenden Neandertaler stehen der Forschung nun erstmals auch Kieferteile, Zähne, Wirbel, sowie Hand- und Fußknochen zur Verfügung.

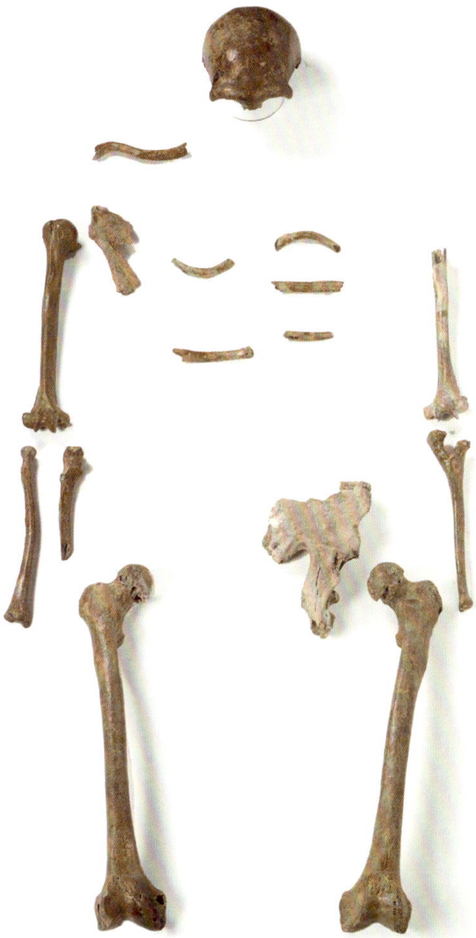

Der Neandertaler von 1856.

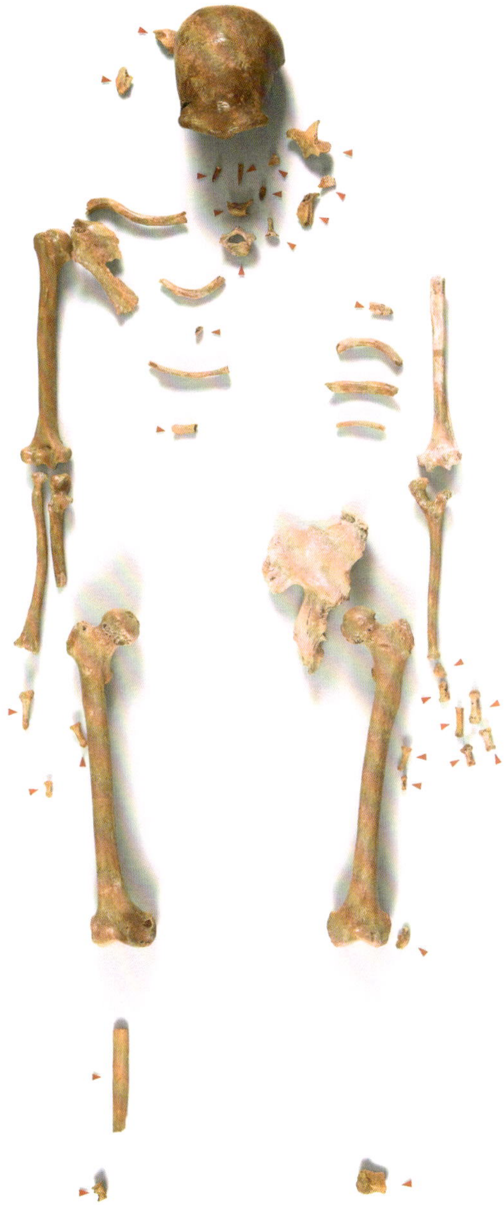

Die neu gefundenen Stücke aus den Grabungen 1997 und 2000 durch rote Pfeile gekennzeichnet.

Drei der gefundenen Fragmente lassen sich direkt an das Skelett von 1856 anpassen: ein kleines, durch einen Werkzeughieb der Steinbrucharbeiter abgeplatztes Stück vom Kniegelenk des linken Oberschenkel-Knochens lieferte den letzten noch ausstehenden Beweis, dass es sich bei den 1997 entdeckten Sedimenten tatsächlich um den Lehm der »Kleinen Feldhofer Grotte« handelte.

Aus der Grabung 2000 stammen das anpassende linke Jochbein des Neandertalers und ein Stück der rechten Schädelseite.

Die Neufunde aus dem Neandertal haben das Forschungsprojekt in erheblichem Maße bereichert. Dieser Materialzuwachs und die Entwicklung neuer oder die Verbesserung bestehender Analyseverfahren führen letztlich dazu, dass die Forschungen an den Neandertal-Funden niemals enden. Auch aus diesem Grund ist es eine vorrangige Aufgabe des LVR-LandesMuseums Bonn und des jeweiligen Kurators, sie als Kronzeugen der Menschheitsgeschichte für zukünftige Generationen von Forschern zu bewahren.

Schädelkalotte von 1856 und anpassendes Jochbein aus der Grabung 2000.

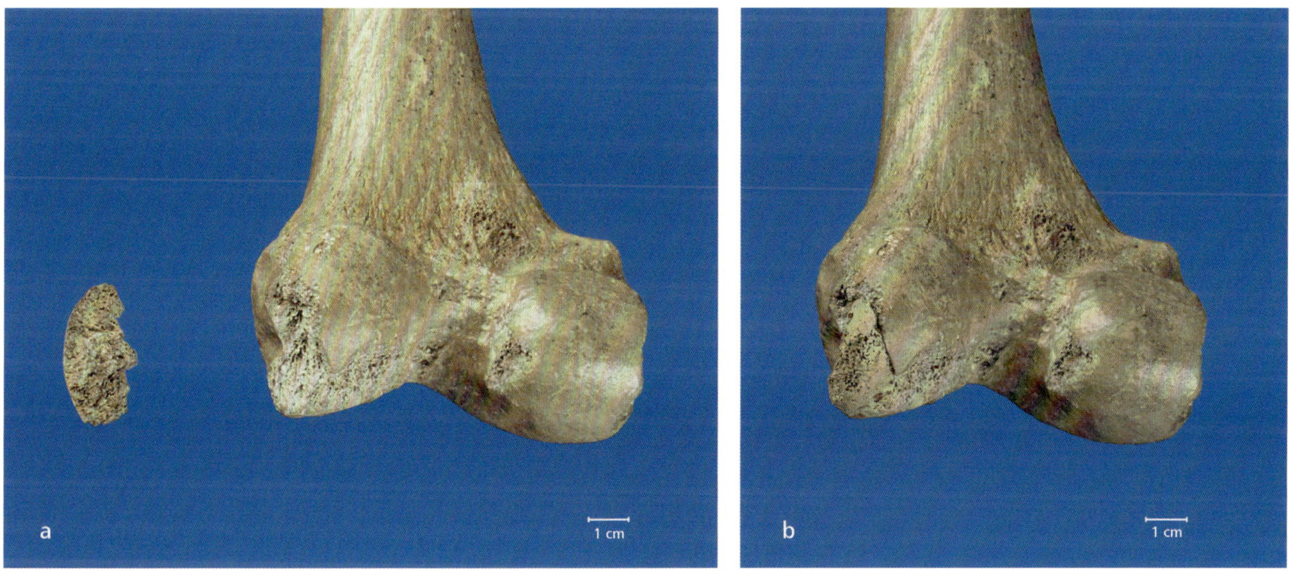

Linkes Kniegelenk des Neandertalers von 1856 mit anpassendem Knochensplitter aus der Grabung 1997.

Oliver Sandrock und Friedemann Schrenk

Was Sie sich schon immer gefragt haben

Warum war Charles Lyell so wichtig?

Basierend auf den Arbeiten des Schotten James Hutton, publizierte Charles Lyell im Jahr 1830 seine »Principles of Geology« in denen der sogenannte Aktualismus beschrieben wird, der besagt, dass geologische Prozesse wie Vulkanismus und Erosion, die das Erscheinungsbild der Erde schon früher geprägt haben, noch heute wirksam sind. Dieses Buch beeinflusste auch Charles Darwin auf seiner Reise mit der »Beagle«. Mit Lyell waren die Sintfluten der Bibel als Erklärung für Landschaftsformen wirklich Geschichte.

Gibt es fossile Schimpansen?

Moderne Menschen und Schimpansen sind sehr eng miteinander verwandt, unsere Linien trennten sich vor ca. 5 bis 7 Mio. Jahren. Während unsere Vorfahren teilweise recht gut belegt sind, gibt es von Schimpansen so gut wie keine Fossilien: Aus Kenia ist nur ein 500 000 Jahre alter Backenzahn überliefert. Mangelnde Aufschlüsse im Regenwald oder schlechte Fossilisationsbedingungen aufgrund der sauren Böden könnten Erklärungen hierfür sein.

Was sind die Milanković-Zyklen?

Unser Klima schwankt zyklisch zwischen kalten und warmen Perioden. Dies hängt mit der Umlaufbahn der Erde um die Sonne, der Neigung und dem Taumeln der Erdachse zusammen. Diese Zyklen werden auch als Milanković-Zyklen beschrieben. Vor mehr als 2,8 Mio. Jahren wechselte das Klima in Zyklen von 23 000 Jahren. Zwischen 2,8 und 1 Mio. Jahren fanden sie alle 41 000 Jahre statt, ab 1 Mio. Jahre dominieren 100 000-Jahre-Zyklen. Die letzten 1 Million Jahre fallen in das Eiszeitalter, die also durch lange Kalt- und Warmzeiten charakterisiert waren. Für unsere Vorfahren war dies während der letzten Kaltzeit relevant: Das Meereis war in Eispanzern gebunden, die Kontinentalschelfe nicht überflutet und die Migration in Richtung Australien und Nordamerika wurde möglich.

Gab es in Europa Menschenaffen?

Nachdem sich in der Gegend der heutigen Levante eine Landbrücke zwischen Afrika und Eurasien entwickelt hatte, expandierten die ersten menschenartigen Primaten vor 17 Mio. Jahren nach Eurasien. Sie werden Hominoiden genannt – diese Überfamilie besteht aus den Menschenaffen (inklusive des Menschen) und den Gibbons. Zwischen 15 und 14 Mio. Jahren waren sie mit den Gattungen Griphopithecus und Kenyapithecus bereits in der heutigen Türkei überliefert. Danach breiteten sie sich Hominoiden in subtropischen Wäldern von Westeuropa bis nach Asien aus. Mit einer Klimaänderung und dem Verschwinden von Oreopithecus vor etwa 7 Mio. Jahren war das Schicksal der Menschenaffen im Westen Eurasiens besiegelt.

Der Ursprung der afrikanischen Menschenaffen ist strittig: Die Fossilarmut Afrikas im Zeitfenster zwischen 12 und 5 Mio. Jahren sprach länger dafür, die Wurzeln der Menschenaffen in Eurasien zu suchen. Geeignete Kandidaten waren Fossilien von Dryopithecus in Europa und von Sivapithecus in Asien. Ersterer wird gemäß dieses Szenarios als Vorfahr der afrikanischen Menschenaffen, letzterer als Vorfahr des asiatischen Orang-Utans gesehen. Pierolapithecus catalaunicus aus Spanien gilt mit ca. 12 Mio. Jahren als gemeinsamer Vorfahr aller Menschenaffen. Er hat im Gegensatz zu Dryopithecus einen dicken Zahnschmelz, was auf harte Nahrung hinweist.

Der ca. 10 Mio. Jahre alte Nakalipithecus nakayamai aus Kenia unterstützt dagegen die Entwicklung der Menschenaffen in Afrika. Er gilt heute als Ahn von Schimpanse, Gorilla und uns Menschen. Chororapithecus abyssinicus aus Äthiopien ist mit 10–10,5 Mio. Jahren auch ein möglicher Vorfahr des Gorillas.

Was sind Hominini?

Der anatomisch moderne Mensch und seine ausgestorbenen Verwandten bezeichnet man gemäß der modernen Taxonomie als Hominini. Innerhalb der Hominini unterscheidet man sieben Gattungen: Sahelanthropus, Orrorin, Ardipithecus, Australopithecus, Kenyanthropus, Paranthropus und Homo.

Ab wann wurde Afrika zur Wiege der Menschheit?

Als der erste afrikanische Vormensch im Jahr 1924 von Raymond Dart als Australopithecus africanus beschrieben wurde, war das Weltbild eurozentrisch. Der Schädel von Piltdown – der Weltöffentlichkeit 1912 als Bindeglied zwischen Mensch und Affen vorgestellt, erst 1953 als ein Schwindel aus Menschenschädel mit Menschenaffenzähnen entlarvt – hatte sogar England in den Fokus der Wissenschaft gerückt. Der amerikanische Anthropologe Carleton Coon war noch 1961 nicht davon überzeugt, dass unsere Wurzeln in Afrika liegen und schrieb: 'If Africa was the cradle of mankind, it was only an indifferent kindergarten. Europe and Asia were our principal schools.' Erst nach Erfolgen bei der Datierung von Gesteinsschichten – und damit auch von Fossilien und Steinwerkzeugen – ab den 1970er Jahren erfolgte ein Umdenken: Die ältesten Vormenschen stammten wirklich aus Afrika.

Gab es King Kong wirklich?

Mit der Aussage 'You will have the tallest, darkest leading man in Hollywood' wurde Fay Wray davon überzeugt, ihre Rolle in »King Kong und die weiße Frau« von 1933 anzunehmen. Dieser »... größte ... Mann ...« hätte anstelle Fay Wrays bis vor gar nicht allzu langer Zeit eine Homo erectus-Dame verehrt. Gemeint ist Gigantopithecus.
Er war der größte Primat, den wir kennen. Er lebte zwischen 9 Millionen und 300 000 Jahren. Seine Fossilien sind aus Pakistan, Nordindien, China, Vietnam und Indonesien bekannt. Es wurden drei Unterkiefer und mehr als 1300 Zähne entdeckt. Gigantopithecus war mit drei Arten vertreten, den älteren G. bilaspurensis und G. giganteus und dem riesigen G. blacki, der bis drei Meter groß wurde und mehr als 500 kg wog. Sie hatten einen sehr dicken Zahnschmelz und waren Allesfresser mit einer Präferenz für Bambus. Ihr Lebensraum waren Wälder, wo sie sich auf Grund ihres Gewichtes bodenlebend als Vierbeiner bewegten.

Gustav Heinrich Ralph von Koenigswald, der seit Anfang der 1930er Jahre auf Java nach Homo erectus Fossilien suchte, entdeckte den ersten Gigantopithecus-Zahn 1935 in einer Apotheke in Hong Kong. Im Laufe der nächsten vier Jahre fand er in China noch drei weitere Zähne. Während des 2. Weltkrieges wurde von Koenigswald von den Japanern auf Java interniert. Obwohl er in Berlin geboren wurde, hatte er 1937 die holländische Staatsbürgerschaft angenommen. Dies wurde ihm im Krieg zum Verhängnis, da Indonesien zu jener Zeit noch die Kolonie Niederländisch-Indien war. Seine Gigantopithecus-Zähne verbrachten den Rest des Krieges in einer Michflasche im Garten eines Freundes auf Java. Warum Gigantopithecus ausstarb ist unklar. Vielleicht kämpfte er mit den Riesenpandas um die Bambusressourcen oder es kam zum Bambussterben, was ihm seine Hauptnahrungsgrundlage entzogen hätte.

In Vietnam wurde die Koexistenz von Gigantopithecus und Homo erectus vor ca. 475 000 Jahren in der Höhle Tham Khuyen nachgewiesen.

Wie alt ist die Gattung Homo?

Ein Unterkieferfragment aus Ledi-Geraru, Äthiopien, mit einem Alter von 2,8 Mio. Jahren gilt als ältester Nachweis der Gattung Homo. Fossilien mit einem Alter zwischen 3 und 2 Millionen Jahren sind nur spärlich überliefert. In diesen Zeitraum fiel der Übergang von Australopithecus zu Homo, der ab 2,8 Mio. Jahren von zunehmender Trockenheit geprägt war.

Was ist an Australopithecus garhi überraschend?

A. garhi aus Äthiopien ist mit einem Alter von 2,5 Mio. Jahren einer der letzten Australopithecinen-Arten. Er lief aufrecht und hatte die größten Backenzähne der ostafrikanischen nicht-robusten Australopithecinen. Die große Überraschung (garhi bedeutet Überraschung) aber war, dass A. garhi in Sedimenten gefunden wurde, in denen auch Steinwerkzeuge und Tierknochen lagen, die mit scharfen Werkzeugen bearbeitet waren.

In Dikika, ebenfalls Äthiopien, fand man Antilopenknochen, die Schnittspuren von Steinwerkzeugen aufwiesen. Ihr Alter liegt bei 3,4 Mio. Jahren und die Fundstelle wurde durch Fossilien von A. afarensis weltbekannt. Somit wird die Annahme, die Gattung Homo (habilis bedeutet geschickt) sei der erste Nutzer von Steinwerkzeugen gewesen, zunehmend widerlegt – zumal zwischen gezielter Steinwerkzeugherstellung und dem -gebrauch unterschieden werden muss. Die ältesten Steinwerkzeuge – allerdings ohne Fossilien von Vormenschen – stammen übrigens aus Gona, Äthiopien, und wurden auf 2,6 Mio. Jahre datiert. Die ältesten Steinwerkzeuge außerhalb Afrikas wurden in Dmanisi, Georgien, entdeckt. Sie haben ein Alter von ca. 1,8 Mio. Jahre und werden dem Oldowan, der ältesten afrikanischen Werkzeugindustrie, zugeschrieben.

»Out of« oder »In to« Africa?

Die ca. 1,8 Mio. J. alten Funde aus Georgien werden dem Frühmensch Homo erectus zugeordnet und zeigen, dass H. erectus eine sehr variable Art war. Die Fossilien lassen die Frage aufkommen, wann Homo erectus Afrika wirklich das erste Mal verließ, denn die ältesten ostafrikanischen H. erectus-Funde aus Kenia sind nicht sehr viel älter.

Dies kann als Beleg dafür angesehen werden, dass die erste Auswanderung der Frühmenschen aus Afrika nicht erst mit H. erectus begann, sondern schon mit dessen afrikanischen Vorfahren vor weit über 2 Millionen Jahren. Vielleicht verließ Homo habilis/rudolfensis Afrika, entwickelte sich in Westasien zu H. erectus und wanderte vor weniger als 2 Mio. J. als ebendieser wieder in Ostafrika ein. Dann hieße die Hypothese neben »Out of Africa« auch »In to Africa«.

Was ist das Problem von Homo habilis?

Homo habilis unterscheidet sich morphologisch kaum von den Australopithecinen, der Vormenschen-Gruppe, aus denen er sich entwickelt haben soll. Seine Körperproportionen gleichen denen von A. afarensis. Die Variabilität von Schädel, Kiefer und Backenzähnen ist größer, als für eine Art typisch wäre.

Manche Wissenschaftler sehen in H. habilis und H. rudolfensis – einem Vormensch mit größerem Schädel, Gehirn und Backenzähnen als H. habilis – daher Vertreter der Australopithecinen. Andere sehen auch in den frühen Homo-Arten Afrikas nichts anderes, als variable Homo erectus-Populationen, auf die man auch im Kaukasus traf.

Einer – oder viele – Wer war Homo erectus?

Dieser Hominine wurde zunächst unter anderen Namen in Asien beschrieben. Die ersten Fossilien wurden 1891 von Eugène Dubois in Trinil, Java, gefunden und Anthropopithecus erectus benannt. Dubois glaubte zunächst einen Verwandten des Schimpansen gefunden zu haben. Dessen Gattungsname war damals Anthropopithecus, heute lautet er Pan. Im Jahr 1894 benannte Dubois seine Funde als Pithecanthropus erectus – als aufrecht gehender Affenmensch, denn er war ysich sicher das Bindeglied zwischen Affen und Menschen gefunden zu haben. Im Jahr 1921 wurden in Zhoukoudian, China, Fossilien gefunden, die man als Sinanthropus pekinensis beschrieb. Wir kennen sie als Pekingmensch. In den 1940er Jahren wurden die Funde aus Java und China schließlich als Homo erectus klassifiziert. Ab den frühen 1960er Jahren wurden zuvor in Afrika gemachte Funde wie Telanthropus capensis aus Südafrika oder Atlanthropus mauritanicus aus Algerien auch als Homo erectus interpretiert.

H. erectus-Fossilien sind zwischen ca. 1,9 Mio. (Ostafrika) und < 100 000 Jahre (Südostasien) alt. Manche Wissenschaftler unterscheiden zwischen frühen afrikanischen (H. ergaster) und asiatischen (H. erectus sensu stricto) Fosslien.

Es wird angezweifelt, dass Homo habilis ein Vorfahr von H. erectus ist, da beide über ca. 500 000 Jahre zeitgleich in Ostafrika lebten. Als Nachfahr von H. erectus in Afrika wird H. heidelbergensis angesehen.

H. erectus hatte einen langen, dickwandigen Hirnschädel und kräftige Überaugenwülste. Die Steinwerkzeuge von H. erectus werden der sogenannten Acheuléen-Industrie zugeschrieben. Diese bestand aus großen Faustkeilen und Hackbeilen.

Wann betritt der anatomisch moderne Mensch die Bühne?

Die ältesten Fossilien von Homo sapiens sind 195 000 Jahre alt und stammen vom Unterlauf des Omo-Flusses in Äthiopien. Unsere frühester Expansion aus Afrika fiel in das Ende der letzten Warmzeit und fand zwischen 120 000 und 90 000 Jahren in die Levante statt, was Fossilien aus Skhul und Qafzeh, beide Israel, beweisen. Eine zweite Ausbreitung aus Afrika begann ab ca. 70 000 Jahren.

Tragen wir Gene unserer Vorfahren in uns?

Mehr als 90 % der Gene von Homo sapiens stammen von unseren afrikanischen Vorfahren. Nachdem H. sapiens Afrika ab ca. 60 000 Jahren verlassen hatte, kreuzte er sich in Eurasien mit den Neandertalern. Die Vorfahren der Australasiaten kreuzten sich mit Denisova-Menschen – einer Gruppe von Menschen, die wir bislang nur an Hand eines Fingerknochens, einer Zehe und eines Backenzahnes aus dem Altai-Gebirge Sibiriens kennen. Diese Bekanntschaften führten dazu, dass Nicht-Afrikaner bis zu 2,5% Neandertaler-DNA und die Australasiaten bis zu 5 % Denisova-DNA in sich tragen.

Wer traf sich in der Levante?

Ein Homo sapiens-Schädel aus der Manot-Höhle, Israel, liegt mit einem Alter von 55 000 Jahren genau in der Zeitspanne, als eine Vermischung unserer Vorfahren und den Neandertalern möglich war. Neandertaler hielten sich zwischen 65 000 bis 35 000 Jahren in der Levante auf. Der Manot-Schädel ähnelt modernen Afrikanern und 30 000 bis 20 000 Jahre alten Europäern. Er gilt als Nachweis dafür, dass sich moderne Menschen ab ca. 70 000 Jahren von Afrika über die Levante ausbreiteten, sich dort längere Zeit aufhielten und dann ab ca. 45 000 Jahren begannen, Europa zu besiedeln.

Wie alt sind die ältesten Spuren von Feuernutzung?

In Swartkrans, Südafrika, wurden verbrannte Knochen analysiert, die zwischen 1 und 1,5 Mio. Jahren auf eine Feuernutzung von Australopithecus robustus oder Homo erectus hinweisen. In Koobi Fora und Chesowanja, beide Kenia, gibt es Nachweise von Feuernutzung des H. erectus zwischen 1,5 bzw. 1,4 Mio. Jahren. In Gesher Benot Ya'aqov, Israel, fand vor 790 000 Jahren eine kontrollierte Nutzung von Feuer statt. Als wahrscheinlicher Verursacher gilt hier auch H. erectus.

Wuchs unser Gehirn immer gleich schnell?

Auch nachdem der frühe Homo erectus Afrika ab ca. 2 Mio. Jahren verlassen hatte, wurde sein Gehirn nur geringfügig größer. Warum, ist eines der großen Rätsel in der Paläoanthropologie. Den größten Schub erfuhr das Gehirnwachstum erst zwischen 800 000 und 200 000 Jahren, zu einer Zeit starker klimatischer Fluktuationen.

Kommt es auf die Größe an?

Die Körpergröße der frühen Vertreter der Gattung Homo war sehr variabel. Um den Kaukasus vor 1,85 bis 1,77 Mio. Jahren zu besiedeln, musste man nicht besonders groß sein. Die durchschnittliche Körpergröße lag bei 150 cm, das Gewicht bei 50 kg. Interessanterweise kam es nicht einmal auf die Gehirngröße an. In Dmanisi, Georgien, schwankt diese zwischen 546 und 730 ccm und damit etwa im Bereich des afrikanischen Homo habilis/rudolfensis.

Wer ist der Hobbit?

Zwischen 95 000 und 17 000 Jahren lebte auf der indonesischen Insel Flores eine Menschenart, die als Homo floresiensis beschrieben wurde. H. floresiensis wird auf Grund seiner geringen Körpergröße von 1,06 Meter und einem Gehirnvolumen von nur 426 ccm auch Hobbit genannt. Unterkiefer, Zähne, kurze Beine, große Füße sowie die Hand- und Fußmorphologie von H. floresiensis sprechen für afrikanische Vorfahren wie Australopithecus afarensis (»Lucy«, 3,2 Mio. Jahre) oder Homo habilis. Ältere Fossilien als die des 1,5 Mio. Jahre alten H. erectus sind in Südostasien allerdings unbekannt, was eine Interpretation der Hobbitfunde erschwert.

Es gibt mehr als 1 Mio. Jahre alte Steinwerkzeuge auf Flores, deren Hersteller leider unbekannt sind. Die in der Höhle Liang Bua mit den H. floresiensis gefundenen Steinwerkzeuge ähneln diesen und der frühesten afrikanischen Steinwerkzeugkultur namens Oldowan.

Bei Kleinwüchsigkeit schrumpft das Gehirn generell weniger als der Körper, aber Untersuchungen an einer Höhlenziege aus Mallorca und einem Flusspferd aus Madagaskar zeigten, dass bei Kleinwuchs ein Gehirn auch signifikant schrumpfen kann (warum also nicht auch bei H. floresiensis?). Um die Kleinwüchsigkeit zu interpretieren, wurden auch Krankheiten als Erklärungen herangezogen: Mikrozephalie, Kretinismus als Folge einer Schilddrüsenunterfunktion oder das Laron-Syndrom als Resistenz gegenüber Wachstumshormonen. Die Krankheitssymptome konnten nicht alle nachgewiesen werden und da es von H. floresiensis fast zehn Individuen gibt, die ausnahmslos zwergwüchsig sind, hätten alle krank sein müssen, um die Krankheitstheorien aufrecht zu erhalten. Die meisten Wissenschaftler sehen daher in H. floresiensis weiterhin eine eigene Art.

In den gleichen Schichten wie H. floresiensis wurden Fossilien des zwergwüchsigen Elefantenverwandten Stegodon florensis insularis gefunden. Er wurde von den Hobbits gejagt, was Schnittspuren auf Knochen bewiesen. Seine Vorfahren waren noch als große Elefanten auf der Insel angekommen. Seit etwa 900 000 Jahren lebten auch die großen Komodowarane auf Flores.

Die Insel schien eine Zeitkapsel gewesen zu sein, die von starken Strömungen umgeben, schwierig zu erreichen war, seine Bewohner jedoch auch abschirmte.

Welche Rolle spielte die Umwelt in der Evolution des Menschen?

Die »Variability Selection« Hypothese besagt, dass unvorhersehbare Umweltbedingungen in ökologischer Flexibilität der Organismen resultieren. Ändern sich die Bedingungen in einem Lebensraum, gibt es drei Alternativen: Anpassen, Auswandern oder Aussterben. Spezialisierte Arten starben aus und wurden durch nah verwandte Spezies ersetzt, die viel flexibler an verschiedene Klimata angepasst waren. Gemäß dieser Hypothese entstanden die wichtigsten Ereignisse unserer Evolution unabhängig von einem bestimmten Lebensraum oder bestimmten Klima, sondern durch die Instabilität der Umwelt.

Eine andere Erklärung ist die »Turnover-Pulse« Hypothese, gemäß derer es bei klimatisch bedingten Umweltänderungen über einen kurzen Zeitraum zu Aussterben, Artbildung und Wanderung (= turnover) kommt. Der Hypothese zufolge hatte die globale Abkühlung zwischen 2,8 und 2,5 Mio. Jahre zur Folge, dass es bei afrikanischen Hornträgern und anderen Säugetieren zu einem »turnover« gekommen sei. In diesen Zeitraum fällt zudem das erste Auftreten der Gattungen Homo (wir) und Paranthropus (hyper-robuste Australopithecinen).

Der älteste Erklärungsversuch betrifft die Savannenhypothese: Unsere Vorfahren verließen die Wälder und begannen sich auf Grund zunehmender Trockenheit in Savannen auszubreiten. Die Entwicklung der Zweibeinigkeit in offenen Landschaften wird allerdings durch mehr als 4 Mio. Jahre alte, aufrecht gehende Vormenschenfunde aus Waldlandschaften widerlegt.

Wie entstanden die Habitate unserer Vorfahren in Afrika?

Mit der Bildung des ostafrikanischen Grabenbruchs ab ca. 20 Mio. Jahren entstand durch die Blockade von West nach Ost verlaufenden Luftströmungen ein Regenschatten, der den Osten des Kontinents traf. Der zuvor durchgängige Waldgürtel zerbrach auf Grund fehlender Feuchtigkeit und weltweiten Klimaveränderungen am Ende des Miozän in ein topografisch vielfältiges Mosaik neuer Lebensräume von Wald bis Graslandschaften – eines der bis heute größten zusammenhängenden Ökosysteme der Welt: die afrikanischen Savannen.

Oliver Sandrock und Friedemann Schrenk

Die Originale

Die Ausstellung ›Expanding Worlds‹ vereinigt Früh- und Urmenschen-Originalfunde aus Südost-Afrika (Malawi), Südost-Asien (Indonesien), dem Kaukasus (Georgien), der Levante (Israel) sowie Mittel- und Südwest-Europa (Deutschland, Gibraltar).

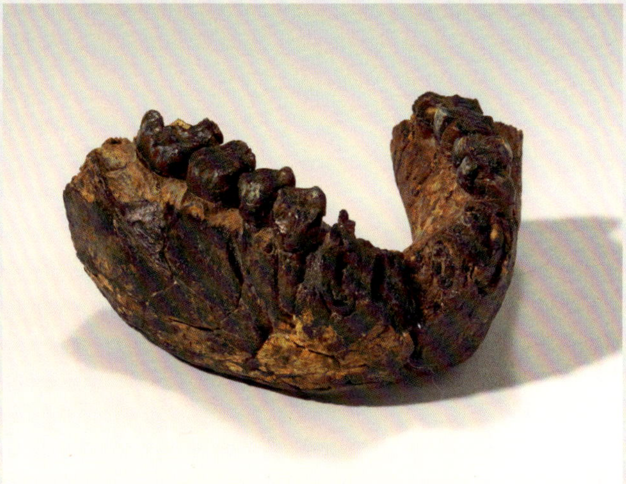

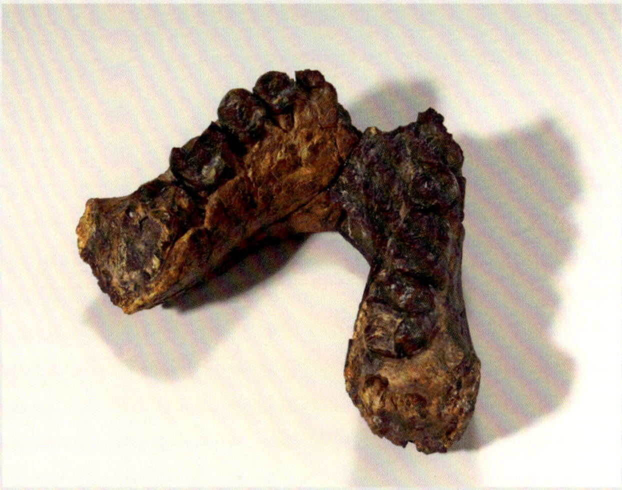

Name: Homo rudolfensis
Fundort: Uraha, Malawi
Entdeckung: Juli 1991, Tyson Msiska
Objekt: Unterkiefer, Katalognummer: HCRP-UR 501
Alter: 2,5–2,3 Millionen Jahre
Archäologie: –
Fund und Interpretation: Der Unterkiefer wurde durch das »Hominid Research Corridor Project« (HCRP) unter der Leitung von Friedemann Schrenk und Timothy G. Bromage entdeckt. Nachdem der Unterkiefer 1991 in zwei Teilen gefunden wurde, gelang es ein Jahr später, noch fehlenden Zahnschmelz des rechten zweiten Backenzahns zu entdecken. Das Fossil wurde 1993 als Homo rudolfensis beschrieben. Der Fund hat starke Ähnlichkeit mit einem kenianischen Unterkiefer (KNM-ER 1802), der ebenfalls als Homo rudolfensis eingeordnet wird und die Verbreitung dieses Homininen von Nord-Malawi bis Nord-Kenia belegt.
aktuell übliche Zuordnung: Homo rudolfensis
Aufbewahrungsort: Department of Antiquities, Lilongwe, Malawi

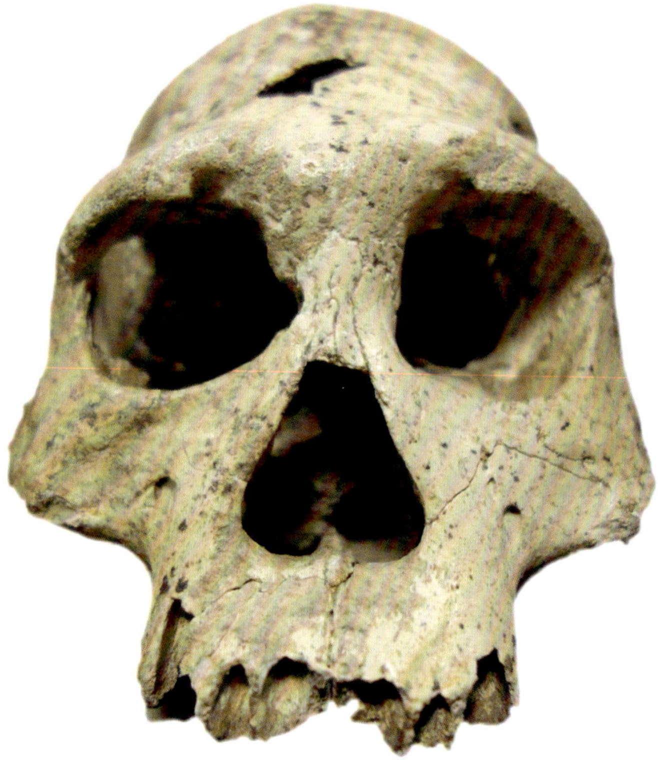

Name: Homo georgicus
Fundort: Dmanisi, Georgien
Entdeckung: August 2001, Gocha Kiladze
Objekt: Schädel und Unterkiefer eines Jugendlichen; Katalognummer: D 2700 (Schädel), D 2735 (Unterkiefer)
Alter: ca. 1,8 Millionen Jahre
Archäologie: afrikanische Oldowan-Kultur; über den fossilführenden Sedimenten liegen archäologische Hinterlassenschaften von der Bronzezeit bis in das Mittelalter (!)
Fund und Interpretation: Der Schädel mit einem Gehirnvolumen von ca. 600 ccm ist einer der kleinsten, die bislang außerhalb Afrikas gefunden wurden. Homo georgicus ist als neue Art seit 2002 bekannt und steht für einen Homininen, der zwischen afrikanischem Homo habilis/rudolfensis und Homo erectus einzuordnen ist. Die Fossilien aus Dmanisi stellen die ältesten Funde außerhalb Afrikas dar. Dies lässt die Frage aufkommen, wann Homo erectus Afrika wirklich das erste Mal verließ, denn die ältesten ostafrikanischen H. erectus Funde aus Kenia sind nicht sehr viel älter. Das kann als Beleg dafür angesehen werden, dass die erste Expansion der Frühmenschen aus Afrika nicht erst mit H. erectus begann, sondern schon mit dessen afrikanischen Vorfahren vor weit über 2 Millionen Jahren. Vielleicht verließ bereits Homo habilis/rudolfensis Afrika, entwickelte sich in Westasien zu H. erectus und wanderte vor weniger als 2 Mio. J. als ebendieser wieder in Ostafrika ein. Dann hieße die Hypothese neben »Out of Africa« auch »In to Africa«. Diese Interpretation ist jedoch noch umstritten.
aktuell übliche Zuordnung: Homo erectus ergaster georgicus
Aufbewahrungsort: Georgian National Museum, Tiflis, Georgien

Sangiran 2

Sangiran 4

Name: Homo erectus
Fundort: Sangiran, Java, Indonesien
Entdeckung: Sangiran 2: August 1937, Sammler Atmowidjojo; Sangiran 4: Frühjahr 1938
Objekt: Schädelfragmente; Katalognummern: Sangiran 2, Sangiran 4
Alter: Sangiran 2: ca. 1 Mio. Jahre; Sangiran 4: ca. 1,5 Mio. Jahre
Archäologie: –
Fund und Interpretation: Ernst Haeckel vermutete die Wiege der Menschheit im heutigen Indonesien. Von Haeckels Hypothese inspiriert fand der holländische Arzt Eugène Dubois 1891 am Solo-Fluss bei Trinil auf Java tatsächlich menschliche Fossilien. Er gab 1894 bekannt, die Reste des von Haeckel als Pithecanthropus bezeichneten Affenmenschen gefunden zu haben und nannte ihn Pithecanthropus erectus – zu einer Zeit als nur moderne Menschen und Neandertaler bekannt waren.

Von 1936 bis 1941 begann der deutsche Geologe Gustav Heinrich Ralph von Koenigswald erstmals in der Gegend des Sangiran-Domes auf Java zu arbeiten. Diese Region entpuppte sich als sehr fossilreich.

Das Schädelfragment Sangiran 2 wurde von den Geländehelfern in ca. 40 Teile zerschlagen um ihre pro Fossil bezahlte Fundprämie zu erhöhen. G. H. Ralph von Koenigswald beschrieb es 1938 als Pithecanthropus erectus. Sangiran 4 bezeichnet einen Oberkiefer, eine Schädelbasis sowie ein Schädelhinterhaupt. Von Koenigswald war bei der Entdeckung nicht zugegen und erhielt den Oberkiefer Anfang 1939. Einige Wochen später erreichten ihn auch die nachträglich entdeckten Schädelfragmente. Sangiran 4 wurde von Franz Weidenreich 1945 anhand von Abgüssen als Pithecanthropus robustus beschrieben und von Koenigswald 1950 in Pithecanthropus modjokertensis revidiert.
aktuell übliche Zuordnung: Homo erectus
Aufbewahrungsort: Paläoanthropologie, Forschungsinstitut Senckenberg, Frankfurt am Main

Name: Homo sapiens
Fundort: Kalksteinhöhle am Jebel Qafzeh, bei Nazareth, Israel
Entdeckung: 1969, Bernhard Vandermeersch
Objekt: Schädel, Katalognummer: Qafzeh 9
Alter: ca. 92 000 Jahre
Archäologie: Mousterian Werkzeuge
Fund und Interpretation: Qafzeh 9 besteht aus einem Schädel und einem Teilskelett und wurde 1971 als Homo sapiens beschrieben, nur wenige Wissenschaftler sahen in den Fossilien einen Neandertaler. Die Wurzeln des modernen Menschen in Afrika zu suchen, wurde durch Datierungen in der Levante gestützt: Die Homo sapiens-Fossilien aus Qafzeh und Skuhl entpuppten sich als älter als die israelischen Neandertalerfunde aus Amud und Kebara. Somit konnten sich Neandertaler nicht in moderne Menschen entwickelt haben, da sich Homo sapiens wahrscheinlich schon vor mehr als 100 000 Jahren aus Afrika kommend in der Levante aufgehalten hatte.

Zwischen der Entdeckung der ersten Schädel in Qafzeh im Jahr 1933 und 1980 wurden 21 Homininen gefunden – von fast kompletten Skeletten bis zu Einzelzähnen. Die Region um Qafzeh wird als offen und arid beschrieben und bestand aus halbtrockenem Wald- und Buschland.
aktuell übliche Zuordnung: früh moderner Homo sapiens
Aufbewahrungsort: Department of Anatomy and Anthropo-

Name: Homo neanderthalensis
Fundort: Kalksteinhöhle am Wadi Amud, Israel
Entdeckung: Juli 1961, Hisachi Suzuki und Kollegen
Objekt: Schädel, Katalognummer: Amud 1
Alter: 70 000–53 000 Jahre
Archäologie: Mousterian Werkzeuge
Fund und Interpretation: Der Fund besteht aus dem fast kompletten Skelett eines ca. 25jährigen Individuums. Er ist der größte Neandertaler (1,80 m) mit dem größten je gefundenen Gehirnschädel (1740 ccm). Amud 1 wurde 1970 zunächst als Neandertaler mit an moderne Menschen erinnernden Eigenschaften beschrieben und 1995 als eindeutiger Homo neanderthalensis klassifiziert. In Amud wurden zwei erwachsene Neandertaler und ein Kind entdeckt. Die Region war zur Zeit der letzten Eiszeit feuchter als heute und die Neandertaler lebten von Busch- bis in Waldlandschaften.
aktuell übliche Zuordnung: Homo neanderthalensis
Aufbewahrungsort: Department of Anatomy and Anthropology, Tel Aviv University, Israel

Name: Homo neanderthalensis
Fundort: Kalksteinhöhle, Kleine Feldhofer Grotte, Deutschland
Entdeckung: August 1856, Minenarbeiter
Objekt: Schädeldach und partielles Skelett; Katalognummer: Neandertal 1
Alter: ca. 40 000 Jahre, C14-Datierung
Archäologie: Micoquien | Keilmessergruppen
Fund und Interpretation: Das Neandertalerskelett wurde 1856 von Johann Carl Fuhlrott als Fossil eines Menschen erkannt. Fuhlrott und der Anatom Hermann Schaffhausen stellten es 1857 dem Naturhistorischen Verein in Bonn vor – zwei Jahre vor Charles Darwins »On the Origin of Species«. William King beschrieb es 1863 als Holotypus von Homo neanderthalensis. Ralf Schmitz und Jürgen Thissen gelang es ab 1997 durch Grabungen die Position der »Kleinen Feldhofer Grotte« zu klären und Fragmente des Originalskelettes, neue Neandertaler-Fossilien sowie bislang fehlende Steinwerkzeuge und Nachweise der Tierwelt zu entdecken. Auch 1997 gelang es, DNA vom Typusskelett des Neandertalers zu extrahieren. Dies stellte die weltweit erste DNA-Entnahme von einem Vorfahren des Menschen dar und führte seitdem zu immer neuen Erkenntnissen bezüglich der Neandertaler-Verwandtschaft zu uns. Momentaner Wissensstand ist, dass Europäer bis zu 2,5 % Neandertaler-DNA in sich tragen können. Die Abspaltung der Neandertaler vom Vorläufer des modernen Menschen fand wahrscheinlich zwischen 440 000 und 270 000 Jahren statt.
aktuell übliche Zuordnung: Homo neanderthalensis
Aufbewahrungsort: Rheinisches Landesmuseum Bonn

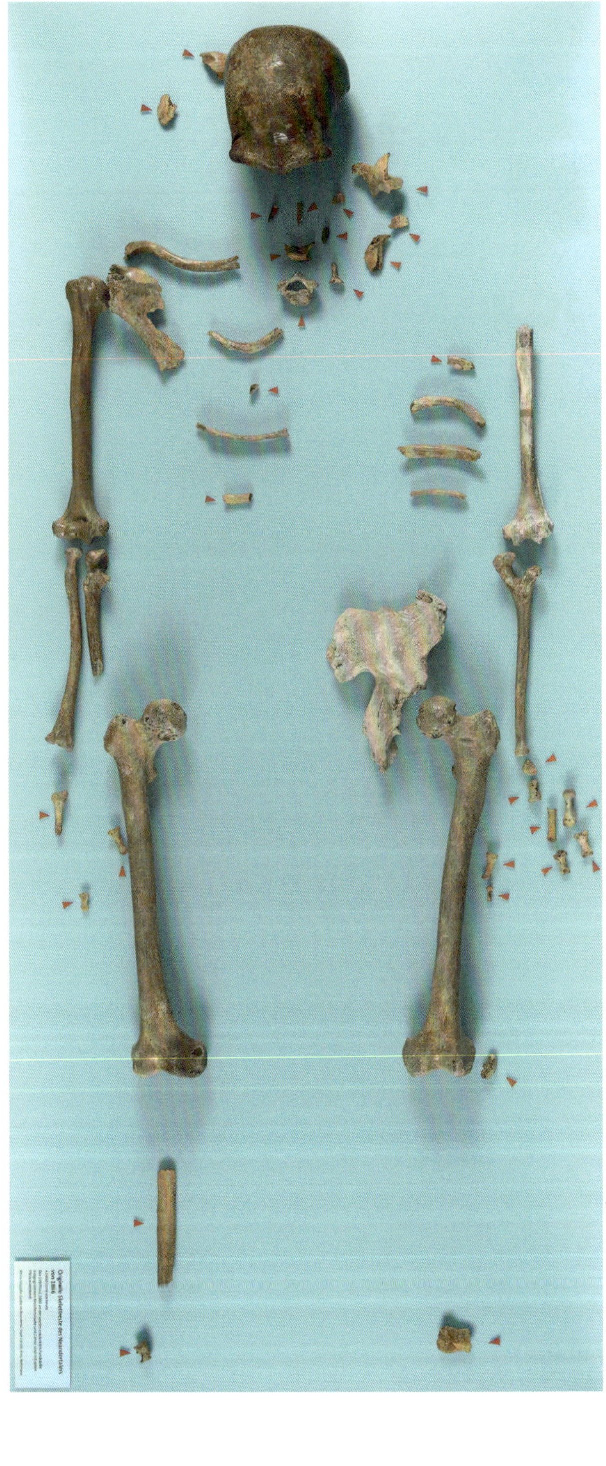

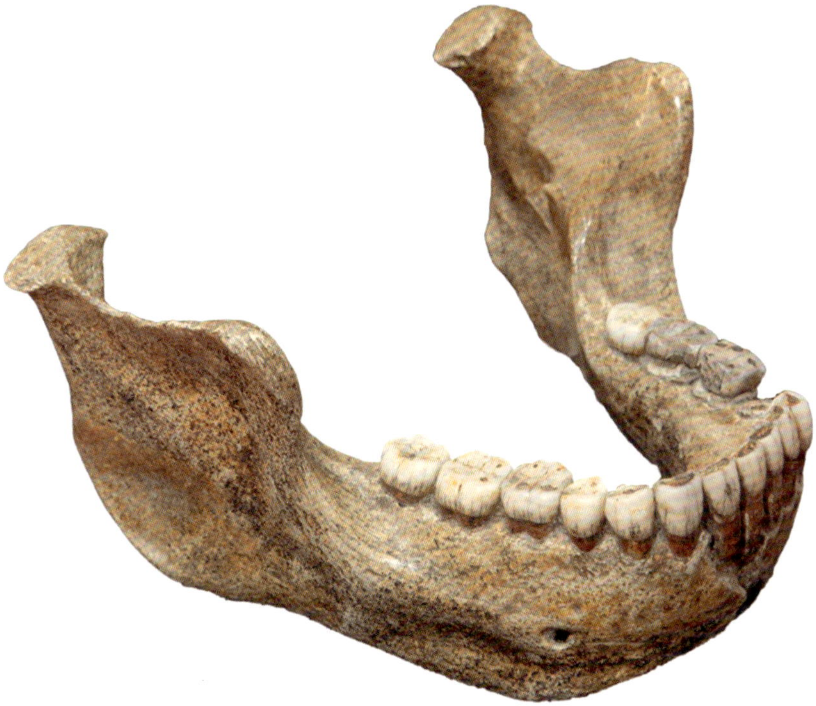

Name: Homo heidelbergensis
Fundort: Sandgrube Grafenrain, Mauer, Deutschland
Entdeckung: Oktober 1907, Daniel Hartmann
Objekt: Unterkiefer, Katalognummer: Mauer 1
Alter: ca. 600 000 Jahre, Cromer Warmzeit III–IV
Die Flusssande der Fundstelle enthalten viele Säugetierfossilien.
Archäologie: –
Fund und Interpretation: Otto Schoetensack beschrieb diesen kinnlosen, kräftigen Unterkiefer 1908 als Holotypus der neuen Spezies Homo heidelbergensis. Der Unterkiefer wurde anschließend als europäischer Homo erectus betrachtet (1927). In den 1950er Jahren wurden alle ausgestorbenen Homo-Vorfahren mit Ausnahme des Neandertalers und des modernen Menschen Homo erectus zugeschrieben und der Unterkiefer von Mauer als Homo erectus heidelbergensis angesehen. Weitere Diskussionen betrafen die Zuordnung zu Homo neanderthalensis (1998) oder seine generell unsichere Stellung in der Taxonomie (2009). Heute umschreibt Homo heidelbergensis eine Gruppe mittelpleistozäner Hominiden, die nur in Europa (Sima de los Huesos, Arago), oder aber in Afrika (Kabwe) und Europa lebten. Bei der afro-europäischen Sichtweise gelten die europäischen Fossilien als Vorfahren der Neandertaler, die afrikanischen als die von Homo sapiens. Der Unterkiefer von Mauer stellt den ältesten Hominiden im nördlichen Mitteleuropa dar.
aktuell übliche Zuordnung: Homo heidelbergensis
Aufbewahrungsort: Geologisch-Paläontologisches Institut, Ruprecht-Karls-Universität Heidelberg

Name: Homo steinheimensis
Fundort: Kiesgrube bei Steinheim a. d. Murr, Deutschland
Entdeckung: Juli 1933, Karl Sigrist
Objekt: deformierter Schädel, Trivialname: »Steinheimer-Schädel«
Alter: 400 000 Jahre, Holstein Warmzeit
Die Flusssande der Fundstelle enthalten viele Säugetierfossilien. Der Schädel entstammt einer Fundschicht mit Fossilien des »Europäischen Waldelefanten«.
Archäologie: –
Fund und Interpretation: Fritz Berckhemer vom Stuttgarter Naturalienkabinett verkündete den Fund im Jahr 1933 und wies ihn 1936 der neuen Art Homo steinheimensis zu. Auf Grund der Grazilität wird dieser Schädel einer Frau zugeschrieben. Das Gehirnvolumen beträgt ca. 1100 ccm. Schon früh wurde auf die Kombination von Merkmalen aus Neandertalern und modernen Menschen hingewiesen (1936). So stellt eine schwach entwickelte Vertiefung des Hinterhauptbeines ein Neandertalermerkmal dar, deren typische Mittelgesichtsprognathie dagegen fehlt. Der Steinheimer-Schädel wurde mit einem Neandertaler-Schädel aus dem englischen Swanscombe verglichen (1938) und auch in Homo heidelbergensis revidiert (1964). Ihn als eine Übergangsform zwischen Homo erectus und Homo sapiens und als Wurzel der europäischen Neandertaler zu bezeichnen (1986), trifft ihn wahrscheinlich am besten.
aktuell übliche Zuordnung: Homo heidelbergensis
Aufbewahrungsort: Staatliches Museum für Naturkunde, Stuttgart

Name: Homo neanderthalensis
Fundort: Ochtendung, Eifel, Deutschland
Entdeckung: 1997, Axel von Berg
Objekt: Schädelfragment
Alter: 186 000–126 000 Jahre
Archäologie: Feuersteinschaber
Fund und Interpretation: In der Osteifel wurde in den Deckschichten einer Kratermulde die Schädelkalotte eines Hominiden gefunden. Unmittelbar in der Nähe lagen drei Steinartefakte, ein Abschlag aus Quarz, ein diskoider Kern aus Geröllquarzit und ein Breitschaber aus Feuerstein. Das Fossil wird der Frühphase der Saale-Kaltzeit vor etwa 170 000 Jahren zugeordnet. Der Fundkomplex gehörte zu keinem Siedlungshorizont und ist als eine singuläre Deponierung zu deuten. Die Kalotte zeigt an den Rändern deutliche sekundäre Bearbeitungsspuren, was auf eine Nutzung des Knochens als Artefakt hindeutet. Die dickwandige Kalotte wurde als später Prä-Neandertaler beschrieben (1997, 2000). Das Ochtendunger Fossil ähnelt den Neandertalern aus La Chapelle 1, Frankreich und Monte Circeo, Italien.
aktuell übliche Zuordnung: Homo neanderthalensis
Aufbewahrungsort: Landesarchäologie Rheinland-Pfalz, Außenstelle Koblenz

Name: Homo neanderthalensis
Fundort: Kalksteinbruch, Forbes' Quarry, Gibraltar
Entdeckung: 1848, Edmund Flint
Objekt: weiblicher Schädel, Katalognummer: Gibraltar 1
Alter: unbekannt
Archäologie: –
Fund und Interpretation: Die genauen Umstände der Entdeckung dieses Schädels sind unbekannt. Der Fund wurde der »Gibraltar Scientific Society« am 03. März 1848 über Lieutenant Edmund Flint mitgeteilt. Der Schädel kam mit anderen Fossilien, die Frederick Brome, Governeur des Militärgefängnisses auf Gibraltar, hatte ausgraben lassen im Jahr 1862 nach London. Der Chirurg George Busk und der Paläontologe Hugh Falconer waren sofort vom besonderen Stellenwert dieses Schädels überzeugt. Busk erkannte die Ähnlichkeit zum Neandertaler der Feldhofer Grotte, da er Schaffhausen und Fuhlrotts Beschreibung dieses Neandertalers bereits 1861 ins Englische übersetzt hatte. Busk präsentierte den Fund 1864 der »British Association for the Advancement of Science«, die sich in der Stadt Bath traf. Falconer schlug den Artnamen Homo calpicus für den Schädel vor. Mons Calpe war der römische Namen für den Felsen von Gibraltar, der im Altertum die nördliche Säule des Herakles darstellte. Charles Darwin konnte krankheitsbedingt nicht an der Konferenz teilnehmen, kam aber dennoch in den Genuss des Schädels, denn dieser wurde ihm von Falconer ins Haus seiner Schwägerin gebracht. In einem Brief schreibt er: 'F[alconer] brought me the wonderful Gibraltar skull.' Im selben Jahr benannte de Franzose Paul Broca den Fund als Neandertaler. Dem Schädel von Forbes Quarry wurde 1864 allerdings nicht die gebührende Aufmerksamkeit zu Teil, denn William King publizierte nur den Fund aus der Feldhofer Grotte als Homo neanderthalensis.

Gibraltar 1 war übrigens nicht der erste Neandertalerfund. Im belgischen Engis wurde bereits im Jahr 1829 der Schädel eines Kindes entdeckt. Dieser wurde allerdings erst 1936 als 70 000 Jahre alter Neandertaler identifiziert.
aktuell übliche Zuordnung: Homo neanderthalensis
Aufbewahrungsort: National History Museum, London

Oliver Sandrock und Friedemann Schrenk

Expansion der Wissenschaft

Europa

In Europa entstehen die ersten Weltbilder zur Evolution des Menschen. Europäische Fossilien wie der Neandertalerfund von 1856 prägen die Wissenschaftswelt und bestärken den vorherrschenden Eurozentrismus. Thomas Huxley und Charles Darwin weisen auf die Nähe von Menschenaffen und Menschen hin.

1726 Der Schweizer Naturforscher Johann Jakob Scheuchzer beschreibt ein am Bodensee gefundenes Amphibienfossil als Reste »des in der Sintflut untergegangenen Menschengeschlechts« und nennt es Homo diluvii testis (= Mensch, Zeuge der Sintflut).

1809 Der französische Zoologe Jean Baptiste de Lamarck postuliert, dass Organismen veränderlich sind.

1812 »Es gibt keine fossilen Menschenknochen.« Der französische Naturforscher George Cuvier ist Anhänger des Katastrophismus, demzufolge es nach Katastrophen in der Erdgeschichte aus den überlebenden Arten zum Neuanfang kam.

1816 König Friedrich I von Württemberg lässt am Cannstatter Seelberg Wollmammutstoßzähne ausgraben, da er vermutet, Vormenschen hätten Einfluss auf diese Funde gehabt. Er stirbt während der Arbeiten.

1828 Entdeckung des ersten Neandertalerfossils. Dieser Fund aus Engis, Belgien, wird 1936 als Neandertaler identifiziert. Bereits 1833 beschreibt der Mediziner Philippe-Charles Schmerling die Knochenfunde, die seiner Meinung nach aus einem Mix eiszeitlicher Tiere und Menschenfossilien bestehen. Seine Publikation wird ignoriert. Heute wissen wir: Schädel Engis 2 ist ein Neandertaler-Kind, Schädel Engis 1 ein Homo sapiens.

1830 Der englische Geologe Charles Lyell erklärt mit seinen »Principles of Geology« die Entstehung der Erde aus nichtreligiöser Sicht. »Die Gegenwart ist der Schlüssel zur Vergangenheit« wird zum Leitsatz des neuen Aktualismus.

1847 Jaques Boucher de Perthes wird von der Pariser Akademie der Wissenschaften verspottet, als er Steinwerkzeuge aus dem Somme-Flusstal, die zusammen mit ausgestorbenen Elefanten und Nashörnern gefunden wurden, vorsintflutlichen Menschen zuschreibt (»Antiquités celtiques et antédiluviennes«).

1848 Lieutenant Edmund Flint berichtet der »Gibraltar Scientific Society« über einen Schädelfund in Forbes' Quarry auf Gibraltar . Es ist der zweite Neandertalerfund.

1856 Entdeckung des Neandertalers aus der Feldhofer Grotte bei Mettmann.

1858 Die erste anatomische Beschreibung der Neandertaler-Knochen erfolgt durch den Anatom Herrmann Schaffhausen.

Die englischen Naturforscher Alfred Russel Wallace und Charles Darwin folgern unabhängig voneinander, dass Evolution am besten durch natürliche Auslese erklärt werden kann.

1859 Der deutsche Naturforscher Johann Carl Fuhlrott beschreibt die Geologie der Feldhofer Grotte, die Bergung des Skeletts und gibt eine Einschätzung des Neandertaler-Fundes.

Charles Darwin veröffentlicht »Über die Entstehung der Arten«. Über unsere Evolution schreibt er nur: »Licht wird auf den Ursprung des Menschen und seine Geschichte fallen.«

1860 Charles Lyell besucht die Feldhofer Grotte und übergibt dem englischen Biologen Thomas Huxley nach seiner Rückkehr einen Gipsabguss des Neandertalerschädels.

1862 Der Forbes' Quarry-Schädel erreicht London.

1863 Charles Lyell publiziert das Buch »Das Alter des Menschengeschlechts«. Darin findet sich die erste detaillierte Beschreibung des Neandertalers von Thomas Huxley. Huxley vergleicht den Neandertaler-Schädel mit Schädeln von Schimpanse, Europäern und australischen Aborigines. Bei der Suche nach unseren Wurzeln schwankt Lyell zwischen Afrika und Asien.

Publikation des Buches »Die Stellung des Menschen in der Natur« von Thomas Huxley. Erstmals wird Vormenschen eine Rolle in unserer Evolution zugeschrieben. Huxley beschreibt die Neandertaler-Kalotte als affenähnlichsten menschlichen Schädel und ordnet ihn unter den australischen Aborigines ein. 'It is quite certain that the ape which most nearly approaches man is either the Chimpanzee, or the Gorilla,' meint Thomas Huxley. 'Hurrah, the monkey book has come,' ruft Charles Darwin.

1864 Der Zoologe George Busk stellt den Forbes' Quarry-Schädel der »British Association for the Advancement of Science« vor. Der Paläontologe Hugh Falconer schlägt den Artnamen Homo calpikus vor. Der Franzose Paul Broca bezeichnet den Fund als Neandertaler.

Der irische Geologe Charles William King beschreibt Homo neanderthalensis als eigene Art. Er sagt »ähnliche Finsternis [wie die eines Schimpansen] charakterisiert das Wesen, zu dem das Fossil gehörte.«

Der Franzose Edouard Lartet findet in La Madeleine, Frankreich, ein Stück Wollmammutstoßzahn mit eingraviertem Mammut. Der Beweis, dass Vormenschen mit Mammuts zusammenlebten, ist erbracht.

Der Engländer Carter Blake hält den Neandertaler für einen Idioten, der deutsche Rudolf Wagner für einen Holländer und Franz Josef Carl Mayer für einen mongolischen Kosaken, der 1814 gegen die Franzosen kämpfen wollte. Die auffällige Krümmung der Oberschenkel sei der Hinweis auf ein Reitervolk.

1869 Der Vorgeschichtsforscher Gabriel de Mortillet führt den Begriff Moustérien für die mit dem Neandertaler assoziierte Steinzeitkulturstufe zwischen etwa 120000 und 40000 Jahren ein. Moustérien leitet sich von der 1860 entdeckten Höhlenfundstelle Le Moustier in der Dordogne ab.

1871 Publikation des Buches »Die Abstammung des Menschen und die geschlechtliche Zuchtwahl« von Charles Darwin. Afrika ist für ihn die Wiege der Menschheit.

1872 Der Neandertaler ist ein heutiger Mensch mit durch Rachitis krankhaft verändertem Skelett, meint der deutsche Arzt Rudolf Virchow.

1886 In Spy, Belgien, wird die Koexistenz von Neandertalern mit Eiszeittieren belegt.

1907 Entdeckung des Unterkiefers von Mauer durch Daniel Hartmann.

1908 Beschreibung des Unterkiefers von Mauer durch Otto Schoetensack als Typus der neuen Art Homo heidelbergensis.

Entdeckung des Neandertalers von La Chapelle-aux-Saints. Der Franzose Marcellin Boule beschreibt das fast vollständige Neandertalerskelett. Boule sieht in Neandertalern primitive, haarige Vormenschen in gekrümmter Haltung. Erst im Jahr 1957 bescheinigt eine Publikation dem »alten Mann von La Chapelle« Arthritis.

1924 Der Italiener Raffaele Battaglia macht den Vorschlag, den Forbes' Quarry-Schädel in Homo gibraltarensis umzubenennen.

1933 Entdeckung des Steinheimer Schädels.

1936 Fritz Berckhemer vom Stuttgarter Naturalienkabinett beschreibt die neue Art Homo steinheimensis.

1938 Vergleich des Homo steinheimensis mit dem 400000 Jahre alten Neandertaler-Schädel aus dem englischen Swanscombe.

1939 »Neandertaler mit Anzug und Hut fallen in der New Yorker U-Bahn nicht auf«, so der amerikanischer Anthropologe Carleton Coon.

1950 Diskussionen um Einordnung des Homo heidelbergensis zu Homo erectus oder zu archaischen Homo sapiens Fossilien.

1986 Homo steinheimensis wird als Übergangsform zwischen Homo erectus und Homo sapiens sowie als Wurzel der europäischen Neandertaler angesehen.

1997 Nachgrabungen an der Fundstelle des Neandertaler-Typusexemplars durch Ralf Schmitz und Kollegen vom Rheinischen Amt für Bodendenkmalpflege fördern bis in das Jahr 2000 Artefakte und weitere Skelettelemente zu Tage.

'Neanderthals were not our ancestors' lautet das Ergebnis der ersten mitochondrialen DNA-Untersuchung an den Original-Neandertalerknochen von 1856 durch Matthias Krings und Kollegen.

Entdeckung der Schädelkalotte von Ochtendung in der Eifel und Einordnung als Hominine im Übergang vom Homo heidelbergensis zum klassischen Neandertaler.

2010 DNA-Studien zeigen, dass sich Neandertaler und moderne Menschen zwischen 440000 und 270000 Jahren trennten. Nichtafrikaner tragen zwischen 1% und 4% Neandertaler-DNA in sich.

2015 Der Unterkiefer von Mauer wird zusammen mit Schädeln aus Petralona, Griechenland, Arago, Frankreich, und Kabwe, Sambia, als Homo heidelbergensis-Gruppe aus Europa und Afrika angesehen.

DNA-Studien an einem rumänischen Homininen zeigen: Moderne Menschen und Neandertaler kreuzten sich vor ca. 40000 Jahren in Europa.

Südostasien

Die ersten Homo erectus-Funde werden in Südostasien und dann in China gemacht. Bis Ende der 1930er Jahre gilt Ostasien als Wiege der Menschheit. Ab 1960 wird Homo erectus auch in Afrika entdeckt.

1844 Der schottische Journalist Robert Chambers beschreibt in seinen »Vestiges of Natural History of Creation« den Menschen als Nachfahren der Affen. Das Buch erscheint bis zur 12. Auflage anonym. Chambers wird erst 1884 posthum als Autor bekannt.

1861 »Das Leben ist zu kurz, um sich damit abzugeben, die Geschlagenen mehr als einmal zu schlagen«, so der englische Biologe Thomas Henry Huxley nach einem Disput mit seinem Landsmann Richard Owen. Huxley hatte durch Sezieren nachgewiesen, dass es bei Primatengehirnen keinen Bruch zwischen Menschenaffen und Homo sapiens gibt. Owen hatte das Gegenteil behauptet.

1866 »Der Mensch hat sich ebenso aus den Affen entwickelt, wie diese aus niederen Säugetieren«, so der deutsche Zoologe Ernst Haeckel.

1868 Ernst Haeckel beschreibt Pithecanthropus alalus – den stummen Affenmenschen – und vermutet unsere Wurzeln in Südasien, später im untergegangenen Kontinent Lemurien im Indischen Ozean. Das hypothetische Lemurien hatte der englische Zoologe Philip Sclater 1864 in Anlehnung an die auf Madagaskar heimischen Lemuren geschaffen: 'I should propose the name Lemuria.'

1879 Der englische Paläontologe Richard Lydekker beschreibt Affen-Fossilien aus den Siwalik-Hügeln Nordindiens als Vorfahren des afrikanischen Schimpansen.

1889 Der englische Naturforscher Alfred Russel Wallace vermutet unsere Wurzeln in seinem Buch »Darwinism« in Asien.

1890/91 Der niederländische Anthropologe Eugène Dubois entdeckt während seiner Zeit als Militärarzt auf Java zunächst einen Unterkiefer in Kedung Brubus. Ein Jahr später findet er in Trinil, am Ufer des Soloflusses, eine affenähnliche Schädelkalotte und einen menschenähnlichen Oberschenkel. Er nennt den ersten asiatischen Vormenschen zunächst Anthropopithecus erectus – aufrecht gehender Menschenaffe.

1894 Eugène Dubois macht die Trinil-Kalotte zum Typus von Pithecanthropus erectus – den aufrecht gehenden Affenmenschen – und das sagenumwobene »missing link« scheint gefunden: »Pithecanthropus erectus ist die Übergangsform, die der Entwicklungslehre zufolge zwischen dem Menschen und den Anthropoiden existiert haben musste; er ist der Vorfahr des Menschen.«

1900 Der Amerikaner Henry Osborn postuliert die Wiege der Menschheit ist Asien. Osborn wird 1908 Direktor des American Museum of Natural History, New York.

1921 Nach Entdeckung des Höhlensystems von Choukoutien bei Peking durch den Schweden Johan Gunnar Andersson finden erste Grabungen unter der Leitung des Österreichers Otto Zdansky statt.

1922 Während der großen »Central Asiatic Expeditions« von Roy Chapman Andrews und Henry Osborn werden zwischen 1922 und 1928 Dinosaurier- und Säugetierfossilien gefunden. Die Suche nach unseren Vorfahren in China und der Mongolei bleibt erfolglos.

1927 Der kanadische Paläoanthropologe Davidson Black macht einen der Choukoutien-Zähne zum Typus von Sinanthropus pekinensis, dem Peking-Menschen.

Henry Osborn veröffentlicht »Man rises to Parnassus«. Er ignoriert das Fossil aus Taung, Südafrika, mit der »Zielsetzung ... den Mythos und das Gespenst des Affenmenschen-Vorfahren zu verbannen.«

1935 Der deutsche Paläoanthropologe Gustav Heinrich Ralph von Koenigswald entdeckt in einer Apotheke in Hong Kong den ersten Backenzahn von Gigantopithecus, einem ausgestorbenen Riesenaffen.

1936 Gustav Heinrich Ralph von Koenigswald findet den Homo erectus Kinderschädel von Mojokerto.

1937 Entdeckung des Homo erectus-Schädelfragmentes Sangiran 2 auf Java, Indonesien.

1938 Entdeckung des Homo erectus-Schädelfragmentes Sangiran 4 auf Java, Indonesien.

1940 Der deutsche Anthropologe Franz Weidenreich benennt Pithecanthropus erectus und Sinanthropus pekinensis in Homo erectus um.

1941 Franz Weidenreich fertigt im August Abgüsse des Peking-Menschen an.

Die Original-Fossilien des Peking-Menschen verschwinden auf dem Weg nach New York.

1948 Der amerikanische Archäologe Hallam Movius beschreibt Steinwerkzeug-Unterschiede zwischen dem Westteil der Alten Welt und Ost- bzw. Südostasien. Letzteres stellt er als primitiv und rückständig dar. Diese Sichtweise prägt die Sicht auf die australischen Ureinwohner für eine lange Zeit.

1974 Das Skelett Lake Mungo 3, der »Mungo Man«, wird ausgegraben. Das Alter der Fossilien von modernen Menschen aus New South Wales, Australien, liegt bei ca. 40000 Jahren.
2003 Entdeckung von homininen Fossilien in der Liang Bua-Höhle auf der Insel Flores, Indonesien. Der australische Paläoanthropologe Peter Brown und Kollegen beschreiben ein kleinwüchsiges Teilskelett aus Flores im Jahr 2004 als Typus von Homo floresiensis. Dieser auch Hobbit genannte Hominine lebte zwischen 90000 und 17000 Jahren. Gemäß dem Inselgesetz von John Foster entwickeln Säugetiere abhängig von ihrer Größe auf Inseln entweder Riesen- oder Zwergwuchs.
2005 Unsere Vorfahren haben sich in einem breiten Grasstreifen zwischen Nordafrika und Ostasien ausgebreitet und entwickelt, so die Archäologen Robin Dennell und Wil Roebroeks. Dieses »Savannahstan« bot vermutlich schon den Australopithecinen vor 2 bis 3 Mio. Jahren die Möglichkeit, Afrika zu verlassen.
2015 Ein dickwandiger Unterkiefer mit großen Zähnen, der vor der Küste Taiwans gefunden wurde, wird einer bislang unbestimmten Homo-Art zugeschrieben. Sein Alter liegt zwischen 200000 und 10000 Jahren.

Afrika

Die Gattung Homo, wie schon ihre ausgestorbenen Vorfahren, entwickelt sich bis vor 2 Millionen Jahren in Afrika. Von dort aus besiedeln sie die gesamte Welt. Die ersten Vormenschenfunde aus Afrika passen nicht in die vorherrschenden eurozentrischen Weltbilder. Erst ab den frühen 1950er Jahren rückt Afrika in den Fokus.

1871 Charles Darwin schlägt in »The Descent of Man« Afrika als Heimat unserer Vorfahren vor, da unsere nächsten Verwandten Gorilla und Schimpanse dort leben.
1884/85 Die Berliner Kongokonferenz führt zur Aufteilung Afrikas in Kolonien. Teilnehmer sind dreizehn europäische Staaten, das Osmanische Reich und die USA.
1904 Der kongolesische Pygmäe Ota Benga wird auf der Weltausstellung in St. Louis, Missouri, zum Schauobjekt. Bei einer zweiten Reise in die USA wird er 1906 im Bronx Zoo, New York, ausgestellt. 1916 erschießt sich der 32-jährige, gedemütigt und krank vor Heimweh, in Lynchburg, Virginia. 'Could he [Ota Benga] be the missing link, the species bridging man and ape that preoccupied leading scientists?', fragt ein Journalist zu dieser Zeit.
1912 In Piltdown, England, taucht ein Schädel auf, der unter dem Namen Eoanthropus dawsoni bekannt wird. Dieser Piltdown-Mensch entpuppt sich im Jahr 1953 als Schwindel, war er doch nichts anderes als ein Menschenschädel mit einem Orang-Utan Unterkiefer. Vielen englischen und amerikanischen Anthropologen aus jener Zeit bestätigte der Fund irrtümlicherweise, ein großes Gehirn sei die Voraussetzung zur Menschwerdung.
1915 Der schottische Anthropologe Sir Arthur Keith bekennt sich zum Prä-Sapiens-Modell, wonach sich Homo sapiens über lange Zeit separat entwickelt hat.
1921 In Kabwe (früher Broken Hill), Sambia, entdeckt der Bergmann Tom Zwiglaar in einer Mine einen gut erhaltenen Schädel. Er wird als Homo rhodesiensis beschrieben. Mit einem Alter von ca. 250000 Jahren ist er heute als afrikanischer Homo heidelbergensis bekannt.
1924 Entdeckung eines Kinderschädels bei Taung in Südafrika. Dies ist der erste afrikanische Vormenschen-Fund.
1925 Der südafrikanische Anatom Raymond Dart beschreibt das Taung-Kind im Februar als Typus von Australopithecus africanus. Dart wie Darwin sieht in Afrika die Wiege der Menschheit. Der südafrikanische Paläontologe Robert Broom, ein Unterstützer Darts, geht vor dem Schädel in die Knie und ruft aus: »Ich verbeuge mich vor unseren Vorfahren.« Der Fund findet mehr als 20 Jahre keine Anerkennung.

Der amerikanische Lehrer John Thomas Scopes wird in Dayton, Tennessee, zu einem Bußgeld von $100 verurteilt, weil er die Evolution des Menschen an einer staatlichen Schule lehrt.
1927 Frank Dixey beschreibt die Ablagerungen an der Nordwestseite des damaligen Njassa-Sees (heute Malawi-See) als Chiwondo- und Chitimwe Beds.
1936 In den südafrikanischen Höhlenfundstellen Sterkfontein (ab 1936), Kromdraai (ab 1938), Makapansgat (ab 1946/47) und Swartkrans (ab 1948) werden Hominiden gefunden.
1947 Der Nachweis der Zweibeinigkeit des Vormenschen Australopithecus gelingt in Sterkfontein.

Wo liegt die Untergrenze der Gehirngröße der Gattung Homo? Sir Arthur Keith beschreibt den cerebralen Rubicon bei 750 ccm. Die durchschnittliche heutige Gehirngröße liegt bei etwa 1350 ccm. Der 82-Jährige, ein Befürworter des Piltdown-Menschen, revidiert seine Meinung und erkennt die Australopithecinen als Vorfahren des Menschen in seinem Buch »New Theory on Human Evolution« an: 'Professor Dart was right and I was wrong.'

Der einflussreiche englische Anatom Sir Wilfrid Le Gros Clark erkennt Australopithecus als Vormenschen-Gattung an, und die Wissenschaftswelt hört zu: Afrika rückt in den Fokus.

1953 George Bartholomew und Joseph Birdsell gehen davon aus, dass allein der Übergang vom Wald ins Grasland ausreicht, um den aufrechten Gang und den Einsatz von Werkzeugen auszulösen. Heute wissen wir, dass externe Faktoren wie Umweltänderungen viele evolutionäre Ereignisse erst stimulierten. Hypothesen dazu werden in den 1980er Jahren entwickelt.

1957 Gemäß dem Prä-Neandertaler-Modell des amerikanischen Anthropologen F. C. Howell entwickelten sich die modernen Menschen aus archaischen Vorfahren in der Alten Welt.

1960 Unterstützt von Louis Leakey beginnt Jane Goodall mit Langzeitstudien wilder Schimpansen in Tansania. Dian Fossey folgt 1966 mit Studien von Gorillas in Zaire, und Biruté Galdikas startet 1971 auf Borneo mit den Studien von Orang-Utans. Leakey ist davon überzeugt, mittels dieser Arbeiten Rückschlüsse über dass Verhalten unserer Vorfahren zu erhalten.

Entdeckung des 1,4 Mio. Jahre alten Homo erectus-Schädels OH 9 in Olduvai, Tansania. Im Jahr 1984 folgt die Entdeckung des Turkana-Jungen in Nariokotome, Kenia – ein 1,5 Mio. Jahre altes Homo erectus-Skelett.

1962 Der amerikanische Anthropologe Carleton Coon zweifelt die afrikanischen Wurzeln von Homo nicht an, die darauffolgende Evolution variierte ihm zufolge aber je nach Region: »Wenn Afrika die Wiege der Menschheit war, stellte es nur einen mittelmäßigen Kindergarten dar. Europa und Asien waren unsere Primärschulen.«

1964 Leakey, Phillip Tobias und John Napier beschreiben Unterkiefer, Schädel-, und Skelettfragmente aus Olduvai, Tansania – auch OH 7 oder »Johnny's Child« genannt – als Typus von Homo habilis.

Nachdem Meganthropus aus Südostasien und Telanthropus aus Südafrika durch Ernst Mayr (1944) bzw. John Robinson (1961) bereits umbenannt waren, wird nun auch Atlanthropus aus Nordafrika von Wilfrid Le Gros Clark als Homo erectus interpretiert.

1965 Entdeckung eines Schädels in Iwo Eleru, Nigeria. Das Fossil ist zwar nur 13 000 Jahre alt, ähnelt aber einem 140 000 Jahre alten Schädel aus Tansania und legt nahe, dass es in Westafrika zur Vermischung von modernen und primitiven Homo sapiens-Populationen kam.

1967 Entdeckung der Schädel Omo 1 und Omo 2 in Äthiopien. Sie sind mit 195 000 Jahren die ältesten Homo sapiens-Funde.

1969 Stanley Kubrick greift Raymond Darts Vorstellung des blutrünstigen Vormenschen in der Eingangssequenz seines Films »2001: Odyssee im Weltraum« auf.

1981 Der Südafrikaner Bob Brain vertritt die Ansicht, dass Australopithecinen keine Jäger, sondern eher Gejagte waren.

1986 Der Russe Valery Alexeev beschreibt den 1,9 Mio. Jahre alten Schädel KNM-ER 1470 aus Koobi Fora, Kenia, als Typus von Pithecanthropus rudolfensis. Der Anthropologe Colin Groves überführt diese Art im Jahr 1989 in Homo rudolfensis.

1991 Friedemann Schrenk und seine Kollegen vom Hominid Corridor Research Project (HCRP) entdecken den Unterkiefer UR 501 in Uraha, Malawi, und beschreiben ihn zwei Jahre später als Homo rudolfensis.

1994 Bis ins Jahr 2010 werden acht Vormenschenarten aus Ost-, Zentral- und Südafrika beschrieben.

1997 Der Äthiopier Sileshi Semaw und sein Team berichten über 2,5 Mio. Jahre alte Steinwerkzeuge aus Gona, Äthiopien. Als Hersteller kommen Homo habilis/rudolfensis oder der Vormensch Australopithecus garhi in Frage.

Der Amerikaner Bill Kimbel und sein Team beschreiben ein 2,33 Mio. Jahre altes Homo-Fossil aus Hadar, Äthiopien. Es ist der zu dieser Zeit älteste Urmensch.

2003 Tim White und Kollegen beschreiben mehrere 160 000 Jahre alte Schädel, die 1997 in Herto, Äthiopien, gefunden wurden, als Homo sapiens idaltu (idaltu = ältester).

2005 Sally McBrearty und Nina Jablonski berichten über die ersten Schimpansen-Fossilien. Sie kommen aus Kenia und haben ein Alter von (nur) ca. 500 000 Jahren.

2010 Der Äthiopier Alemseged Zeresenay und sein Team beschreiben die Steinwerkzeugnutzung durch Australopithecus afarensis in Dikika, Äthiopien, vor ca. 3,4 Mio. Jahren.

2015 Mit dem Fund eines Unterkiefers aus Ledi-Geraru, Äthiopien, haben die ältesten Fossilien der Gattung Homo nun ein Alter von ca. 2,8 Mio. Jahren.

Sonia Harmand und Kollegen berichten über 3,3 Mio. Jahre alte Steinwerkzeuge aus Lomekwi, gelegen am Westufer des Turkana-Sees in Kenia. Als mögliche Bearbeiter kommen die Vormenschen Kenyanthropus platyops oder Australopithecus afarensis in Frage.

Levante

Der anatomisch moderne Mensch taucht vor ca. 200 000 Jahren in Afrika auf besiedelt ab ca. 70 000 Jahren die ganze Welt. In der Levante treffen Homo sapiens und Neandertaler erstmals aufeinander und vermischen sich. Ab den späten 1980er Jahren werden die Gene moderner Menschen untersucht, später die von Neandertalern und Schimpansen. Die Ergebnisse der DNA-Studien erweisen sich als spektakulär.

1735 Carl von Linné stellt (vier Arten der Gattung) Homo mit Affen und Faultieren in der ersten Auflage seiner »Systema naturae« in die Ordnung der Menschengestaltigen.

1758 Carl von Linné benennt Homo sapiens in der 10. Auflage seiner »Systema naturae«.

1866 Die »Société de Linguistique de Paris« untersagt Diskussionen über den Ursprung der Sprache, da sich spekulative Theorien dazu überschlugen.

1868 In Les Eyzies, Frankreich, findet Louis Lartet Fossilien des modernen Cro-Magnon-Menschen.

1929/34 Entdeckung und Grabungen in der Skhul-Höhle, Israel. Die Funde weisen ein Alter von 80 000 bis 120 000 Jahren auf.

1933 Entdeckung der ersten Schädel in der Qafzeh-Höhle, Israel. Bis 1980 werden 21 Homininen gefunden. Sie haben ein Alter von etwa 100 000 Jahren. Die Homininen aus den Höhlen Skhul und Qafzeh sind anatomisch moderne Menschen.

1961 Entdeckung des Neandertaler Amud 1 in der Amud-Höhle, Israel. Es handelt sich um ein 45 000 Jahre altes Teilskelett eines ca. 25-jährigen Mannes.

1969 Entdeckung des Skelettes Qafzeh 9 durch Bernhard Vandermeersch. In einem Doppelgrab wird neben diesem Fossil einer ca. 20-jährigen Frau ein Kinderskelett entdeckt. Die hohe Stirn des Schädels ist ein Merkmal des modernen Menschen.

1983 Fund eines Neandertalers in der Kebara-Höhle, Israel. Das Zungenbein des ca. 60 000 Jahre alten Skelettes Kebara 2 ähnelt unserem und gibt Anlass zur Spekulation über die Sprachfähigkeit des Neandertalers.

1984 Milford Wolpoff und Kollegen beschreiben den multiregionalen Ursprung des modernen Menschen, wonach sich die Merkmale der heutigen Menschen unabhängig voneinander dort entwickelten, wo sie heute leben. Die Grundidee einer polyzentrischen Evolution mit Genfluss zwischen den geographischen Varianten wurde bereits 1938 von Franz Weidenreich skizziert.

1987 Rebecca Louise Cann, Mark Stoneking und Allan Charles Wilson veröffentlichen »Mitochondrial DNA and Human Evolution«. Demnach stammen alle heutigen Menschen vor ca. 200 000 Jahren von einer Frau in Afrika. Die mitochondriale Eva war geboren.

1999 Die Veröffentlichung einer Großstudie über Schimpansen zeigt, dass sie je nach Lebensraum in West- oder Zentralafrika kulturelle Varianten an den Tag legen und 39 verschiedene Verhaltensmuster zeigen. Kultur wird als erlerntes Verhalten definiert.

DNA-Vergleiche von Pascal Gagneux und Kollegen beweisen: Die genetische Diversität ist bei Schimpansen um ein vielfaches höher als bei dem modernen Menschen. Dies kann bedeuten, dass vor ihrer Auswanderung nur kleine Gruppen moderner Menschen mit einer geringen genetischen Vielfalt in Afrika lebten. Man spricht vom genetischen Flaschenhals.

2005 Entschlüsselung des Erbgutes des Schimpansen.

2006 Schimpansen und moderne Menschen trennen sich gemäß DNA-Studien vor weniger als 6,3 Mio. Jahren.

2007 Johannes Krause und Kollegen geben bekannt, dass unser Sprachgen FoxP2 mit dem des Neandertalers identisch ist.

2010 Johannes Krause und Kollegen veröffentlichen die DNA aus einem Fingerglied sowie einem Backenzahn und beschreiben diese Fossilien als Denisova-Menschen. Die Denisova-Menschen aus dem Altai-Gebirge in Südsibirien und Neandertaler haben einen gemeinsamen Vorfahren.

David Reich und Kollegen verkünden, dass Nichtafrikaner zwischen 1% und 4% Neandertaler-DNA und die Australasiaten bis zu 5% Denisova-DNA besitzen.

2015 Ein Homo sapiens-Schädel aus der Manot Höhle, Israel, liegt mit einem Alter von 55 000 Jahren genau in der Zeitspanne, als eine Vermischung unserer Vorfahren und den Neandertalern möglich war. Er gilt als Nachweis dafür, dass sich moderne Menschen ab ca. 70 000 Jahren von Afrika über die Levante ausbreiteten, sich dort längere Zeit aufhielten und dann ab ca. 45 000 Jahren begannen, Europa zu besiedeln.

Kaukasus

Im Kaukasus werden mit 1,77 Mio. Jahren die ältesten Fossilien der Gattung Homo außerhalb Afrikas gefunden. Die Funde gehören wahrscheinlich alle zu einer Art und stellen eine Mixtur aus frühem afrikanischen Homo und Homo erectus dar. Auf Grund des hohen Alters stellt sich die Frage, welcher Vormensch Afrika als erster verließ.

1936 Erste archäologische Grabungen in Dmanisi, Georgien, das im Mittelalter eine der bekanntesten Städte und eine wichtige Station entlang der alten Seidenstraße war.

1950 Der Biologe Ernst Mayr postuliert, es habe nur die Gattung Homo mit den zeitlich aufeinander folgenden Arten Homo transvaalensis (= Vormensch Australopithecus), Homo erectus und Homo sapiens gegeben. Mayr stößt damit eine bis heute geführte Diskussion zur Namensgebung an: Als »Lumper« bezeichnet man Forscher, die nur wenige Arten unterscheiden, »Splitter« berufen sich auf Stammbäume mit vielen Vormenschenarten.

1967 Gemäß der »single species hypothesis« des amerikanischen Anthropologen Loring Brace lebte in der Vergangenheit immer nur eine einzige Art Vormensch. Der Vormensch durchlief vom Australopithecus über Pithecanthropus zum Neandertaler verschiedene Stadien, bevor er sich zum modernen Menschen entwickelte.

1983 Der georgische Paläontologe Abesalom Vekua findet in einer alten Getreidevorratsgrube in Dmanisi Nashornfossilien.

1984 Entdeckung der ersten Steinwerkzeugfunde in Dmanisi. Sie ähneln der afrikanischen Oldowan-Kultur.

1991 Entdeckung des ersten Dmanisi-Hominiden-Fossils durch Antje Justus. Der Unterkiefer (D211) hat einen langen, schmalen und u-förmigen Zahnbogen. Die Backenzähne verkleinern sich nach hinten.

1999 Entdeckung von Schädel 1 (D2280) mit einer Gehirngröße von 775 ccm und Schädel 2 (D2282) mit einer Gehirngröße von 650 ccm. Schädel 2 und Unterkiefer D211 gehören wahrscheinlich zusammen und sind Fossilien einer 18- bis 20-Jährigen.

2000 Die radiometrische Datierung eines vulkanischen Basalts unter der Dmanisi-Fundstelle ergibt ein Alter von 1,85 Mio. Jahren.

2001 Entdeckung von Schädel 3 (D2700) mit einer Gehirngröße von 600 ccm und dem assoziierten Unterkiefer D2735 mit durchbrechenden Weisheitszähnen. Zur Zeit seiner Entdeckung hat der Schädel das geringste Gehirnvolumen eines Homininen außerhalb Afrikas – nur Homo floresiensis, der Hobbit aus Flores, ist kleiner. Die Fossilien werden als Homo erectus (= ergaster) beschrieben.

2002 Der Georgier Léo Gabunia und seine Kollegen beschreiben die in den 1990er Jahren gefundenen Dmanisi-Homininen als die neue Art Homo georgicus.

2002/03 Entdeckung des zahnlosen Schädels 4 (D3444) mit einer Gehirngröße von 650 ccm und des Unterkiefers D3900. David Lordkipanidze, Generaldirektor des Nationalmuseums von Georgien und Leiter der Ausgrabungen in Dmanisi, regt mit diesem Fund die Diskussion über das Sozialverhalten von Vormenschen an: Der Schädel ist der eines älteren Mannes, der nur noch weiche Nahrung zu sich nehmen und wohl nur durch die Pflege durch Mitmenschen dieses Alter erreichen konnte.

2005 Entdeckung von Schädel 5 (D4500), der mit 546 ccm die geringste Gehirngröße aller georgischen Homininen hat und der älteste komplette Schädel ist. Unterkiefer D2600, der im Jahr 2000 entdeckt wurde, lässt sich diesem Schädel zuordnen.

2007 Veröffentlichung von Skelettelementen, die dem frühen afrikanischen Homo ähneln. Die Füße und Körperproportionen der Dmanisi-Homininen sind modern, die Schultern und Arme recht ursprünglich. 'All of the individuals are small–they are not NBA players,' so David Lordkipanidze.

2012 Ron Pinhasi und Kollegen berichten, dass die letzten Neandertaler vor 37 000 Jahren im Kaukasus lebten und der anatomisch moderne Mensch diese Region erst später besiedelte.

2013 Umbenennung von Homo georgicus in die Art Homo erectus ergaster georgicus. Die Zuordnung zu Homo erectus ergaster, dem frühen afrikanischen Homo erectus, unterstreicht die afrikanischen Wurzeln der Dmanisi-Homininen.

Die Autoren

Henning Mankell ist ein schwedischer Theaterregisseur und Schriftsteller. Er engagiert sich stark in und für Afrika und lebt zeitweise in Maputo, Mozambique. Seine Kriminalromane um den Kommissar Wallander machten ihn weltberühmt.

Gert Scobel ist ein Journalist, Fernsehmoderator, Autor und Philosoph. Er moderierte die 3sat-Sendungen »Kulturzeit« und »delta« sowie das ARD-Morgenmagazin. Seit April 2008 moderiert er bei 3sat die Sendung »scobel«.

Simone Kaiser ist Kunsthistorikerin mit einem Forschungsschwerpunkt auf den Beziehungen von Kunst und Wissen in der Frühen Neuzeit. Derzeit ist sie als Volontärin am Hessischen Landesmuseum Darmstadt tätig.

Friedemann Schrenk ist Professor für Paläobiologie am Fachbereich Biowissenschaften der Goethe-Universität Frankfurt und Leiter der Sektion Paläoanthropologie des Senckenberg Forschungsinstituts. Er setzt sich für interdisziplinäre Afrikaforschung ein, ist Mitbegründer des Cultural & Museum Centre in Karonga, Malawi, und ist im Direktorat des Projekts ROCEEH tätig.

Oliver Sandrock ist als Kurator für fossile Wirbeltiere in der Erd- und Lebensgeschichte des Hessischen Landesmuseums Darmstadt tätig. Sein Forschungsschwerpunkt liegt auf Umweltrekonstruktionen von Fossilfundstellen.

David Lordkipanidze ist Generaldirektor des Nationalmuseums von Georgien, in dem die zehn wichtigsten Museen des Landes und zwei Forschungsinstitute vereint sind. Er wurde mit vielen Wissenschaftspreisen ausgezeichnet. Die unter seiner Leitung gemachten Vormenschenfunde machten die Fundstelle Dmanisi zu einem Juwel der Paläoanthropologie.

Reinhard Ziegler ist als Kurator für fossile Säugetiere am Staatlichen Museum für Naturkunde Stuttgart tätig. Seine wissenschaftlichen Arbeitsgebiete sind die fossilen Kleinsäugetiere, insbesondere Insektenfresser und Fledermäuse der Tertiärs und Säugetiere aus dem Quartär.

Ralf Schmitz ist Fachreferent für Vorgeschichte am LVR-Landes-Museum Bonn und Privatdozent an der Rheinischen Friedrich-Wilhelms-Universität Bonn. Seine Forschungsschwerpunkte sind u.a. die Archäologie des Pleistozäns und frühen Holozäns im Rheinland, die Verwandtschaft Neandertaler / anatomisch moderner Mensch und die Zusammensetzung der späteiszeitlichen Bevölkerung im westlichen Mitteleuropa.

Literatur

Ann Gibbons 2007: The First Human: The Race to Discover Our Earliest Ancestors. 336 S. Anchor.

Donald Johanson & Blake Edgar 2000: Lucy und ihre Kinder. 272 S. Spektrum Verlag.

Hermann Parzinger 2015. Die Kinder des Prometheus: Eine Geschichte der Menschheit vor der Erfindung der Schrift. 848 S. C. H. Beck.

G. J. Sawyer et al. 2007:The Last Human: A Guide to Twenty-Two Species of Extinct Humans. 256 S. Yale University Press.

Friedemann Schrenk 2008: Die Frühzeit des Menschen: Der Weg zum Homo sapiens. 128 S. C. H. Beck.

Chris Stringer & Peter Andrews 2012: The Complete World of Human Evolution. 240 S. Thames & Hudson.

Bernard Wood 2006: Human Evolution: A Very Short Introduction. 131 S. Oxford University Press.

Carl Zimmer 2007: Smithsonian Intimate Guide to Human Origins. 176 S. Harper Perennial.

Bildnachweis

8: Oliver Sandrock, Hessisches Landesmuseum Darmstadt
12: Stefan Schmid, Goethe-Universität Frankfurt
18–20, 80, 81, 83: Wolfgang Fuhrmannek, Hessisches Landesmuseum Darmstadt
22 oben: World Imaging – Wikimedia commons
22 unten: Österreichische Akademie der Wissenschaften
23: Bruce Ware Allen – A History Blog
24 links: akg-images
24 rechts: Missouri Botanical Garden – archive.org
25 links: Biblioteca Universitaria di Bologna
25 rechts: www.gutenberg.org
26: Universitäts- und Landesbibliothek Sachsen-Anhalt
28, 29: Smithsonian Libraries – archive.org
30: Succu – Wikimedia commons
31: Raymond – Wikimedia commons
32: Bence Viola, Max-Planck-Institut Leipzig
34: stampolina – flickr.com
35: Valerie75 – wikimedia commons
36, 39 rechts, 41: Friedemann Schrenk, Senckenberg Forschungsinstitut und Naturmuseum Frankfurt
39 links: Ottmar Kullmer, Senckenberg Forschungsinstitut und Naturmuseum Frankfurt
43: Uwe Fischer, Hessisches Landesmuseum Darmstadt
44–53, 82: Simon Janashia, Georgian National Museum
54, 56, 57, 60 rechts, 88: Hans Lumpe, Staatliches Museum für Naturkunde Stuttgart
58: Gert Bloos, Staatliches Museum für Naturkunde Stuttgart
60 links: Thomas Rathgeber, Staatliches Museum für Naturkunde Stuttgart
61: Philipp Gunz, Max-Planck-Institut Leipzig
62, 65, 67–69, 86: Jürgen Vogel, LVR-Landesmuseum Bonn
63, 64: Archiv Projekt Neandertal
66: Ralf W. Schmitz
71: oben: St. Taubmann, LVR-Landesmuseum Bonn; unten: : F. H. Smith, LVR-Landesmuseum Bonn.
84, 85: Dan David Center for Human Evolution and Biohistory Research, The Steinhardt Museum of Natural History, Israel National Center for Biodiversity Studies, Tel Aviv University
87: Institut für Geowissenschaften, Universität Heidelberg
89: Fotostudio Baumann, Höhr-Grenzhausen
90: The Trustees of the Natural History Museum, London